"中国科技热点述评"系列
中国科学院学部科学普及与教育工作委员会指导

Commentary

Science and Technology Hotspots in China 2019

中国科技热点述评 2019

中国科学院科技战略咨询研究院
中国科学院学部科学普及与教育研究支撑中心◎编著

科学出版社
北京

内 容 简 介

为回应公众对于科技热点的认知需求，发挥高层次科学家对于科技热点的解读作用，进一步提升公众科学素养，搭建科学家与公众之间的对话平台，中国科学院学部科学普及与教育工作委员会拟定期出版“中国科技热点述评”系列图书，定位于概述科技热点、院士专家述评、回应公众疑点、弘扬科学精神、提出政策建议。

《中国科技热点述评 2019》聚焦“转基因”和“人工智能”领域科技热点事件，邀请华中农业大学张启发院士、中国科学院分子植物科学卓越创新中心/植物生理生态研究所陈晓亚院士、中国农业科学院张春义研究员和范云六院士、中国科学院动物研究所康乐院士对转基因领域展开述评，邀请中国科学院计算技术研究所李国杰院士、复旦大学张军平教授和中国科学院数学与系统科学研究院陆汝钤院士对人工智能领域展开述评。

“中国科技热点述评”系列图书面向社会公众传播科学精神与理念，面向政府部门提出咨询建议与方案，适合社会大众及政府相关决策人员阅读。

图书在版编目（CIP）数据

中国科技热点述评 2019 / 中国科学院科技战略咨询研究院中国科学院学部科学普及与教育研究支撑中心编著 .—北京：科学出版社，2020.7

ISBN 978-7-03-065287-4

Ⅰ. ①中… Ⅱ. ①中… Ⅲ. ①科学技术-研究-中国-2019 Ⅳ. ①G322

中国版本图书馆 CIP 数据核字（2020）第088524号

责任编辑：侯俊琳 牛 玲 / 责任校对：韩 杨

责任印制：李 彤 / 封面设计：有道文化

科学出版社 出版

北京东黄城根北街 16 号

邮政编码：100717

http://www.sciencep.com

北京建宏印刷有限公司 印刷

科学出版社发行 各地新华书店经销

*

2020 年 7 月第 一 版 开本：720 × 1000 1/16

2021 年 8 月第二次印刷 印张：9 3/4

字数：80 000

定价：68.00元

（如有印装质量问题，我社负责调换）

序　言

2016年5月30日，习近平总书记在“科技三会”上强调：“科技创新、科学普及是实现创新发展的两翼，要把科学普及放在与科技创新同等重要的位置。没有全民科学素质普遍提高，就难以建立起宏大的高素质创新大军，难以实现科技成果快速转化。希望广大科技工作者以提高全民科学素质为己任，把普及科学知识、弘扬科学精神、传播科学思想、倡导科学方法作为义不容辞的责任，在全社会推动形成讲科学、爱科学、学科学、用科学的良好氛围，使蕴藏在亿万人民中间的创新智慧充分释放、创新力量充分涌流。”[①] 习总书记的重要讲话，进一步明确了新时期科学普及工作的重要作用和地位，体现了党中央对科技工作者在科学普及中发挥作用的殷切期望。

英国哲学家弗朗西斯·培根说过：“知识就是力量，知识的力量不仅取决于其本身价值的大小，更取决于它是否被传播，以及传播的深度和广度。”[②] 科学传播与普及作为沟通科学与社会、科学家与公众的渠道，其重要作用日益凸显，越来越展现出与科技创新同等重要的战略价值，对提升全民科学素养、培育创新文化、服务创新型国家和建设科技强国意义重大。

院士群体是我国科技工作者中的优秀代表，是科学知识、科学方法、科学思想和科学精神的重要发现者、生产者和创建者。他们处于科学研究的前沿，熟悉各自研究领域，具备特有的“知识资本”，同专门从事科学传播的机构和媒体相比，他们可以较大限度地避免科学知识在传播过程中“失真”，尽量保证传播的

① 习近平．为建设世界科技强国而奋斗——在全国科技创新大会、两院院士大会、中国科协第九次全国代表大会上的讲话 [DB/OL]. http://www.xinhuanet.com/politics/2016-05/31/c_1118965169.htm[2016-05-31].

② 邢媛．试论科学技术传播的社会价值 [J]. 自然辩证法通讯，1999，(3)：38-43.

准确性。院士群体有义务也有责任告诉公众、解答公众最为关心的科技热点问题，拉近和公众的距离，使公众了解最新科技知识和前沿进展，让公众理解科学，让科学普惠人民，助力提升我国公民的整体科学素质。

中国科学院学部是国家在科学技术方面的最高咨询机构，以服务国家、服务社会为宗旨，长期以来坚持推动院士群体积极开展科普工作，主动发挥引领示范作用。从2002年起，中国科学院发起并联合中共中央宣传部、教育部、科学技术部、中国工程院、中国科学技术协会等部门共同启动开展了“科学与中国”院士专家巡讲活动，截至2019年底，累计举办各类报告2000余场，院士参与1500余人次，形成了“科学思维与决策”“院士专家视频公开课”“院士专家进高校”等一系列子品牌，为科学亲近公众、促进公众科学素质提高发挥了重要作用，产生了广泛的社会影响，受到了社会各界的热烈欢迎。

近年来，由于移动互联网、自媒体平台的爆发式发展，科技与社会议题在不同群体间传播的频率和速度迅猛提升，科技与社会的互动愈发强烈，关于科技的争议也此起彼伏。中国科学院学部认为有必要集合院士力量，进一步发挥院士专家对科技热点的权威解读作用，回应公众对科技热点的认知需求，拉近科学家与公众的关系。基于此，中国科学院学部决定出版“中国科技热点述评”系列图书，每两年发布一次，遴选争议性较大、公众持续关注的科技热点事件，发出院士专家的声音，希望能够通过这种方式实现向社会公众传播科学精神与理念、向政府部门提出政策建议的目的。

科技创新和科学普及两翼齐飞，是中国建设世界科技强国的必要前提，也是新时代满足人民群众对美好生活向往的必然要求。我们希望有更多的院士专家投身到中国的科普事业中，勇担弘扬科学精神、普及科学知识的神圣使命，助力创新发展，共同为实现中华民族伟大复兴的中国梦不懈奋斗。

中国科学院学部科学普及与教育工作委员会
2020 年 4 月 30 日

前　言

当今社会，科技已渗透到人们生活的方方面面，新兴科技领域的重大进展，涉及环境、健康与安全问题的科技应用，引发伦理和法律问题的科技议题等都极易成为公众关注的热点话题。本书在梳理近两年我国科技领域公众关注度较高的重大科技热点事件的基础上，遴选在社会中持续引起广泛影响和舆论关切的、具有代表性的两个科技领域——“转基因”和“人工智能”，分别邀请领域内的院士专家对这两个领域的科技热点背后的科学问题进行述评。

本书分为四章：第一章探讨科技热点的内涵，梳理近两年发生的重大科技热点事件，阐述遴选“转基因”和“人工智能”两个领域科技热点事件的基本考虑。第二章和第三章分别回顾“转基因”领域和“人工智能”领域已有的公众态度调查、学术研究以及科学普及概况，针对当前存在的突出问题，邀请院士专家基于专业知识和科学精神展开有针对性的述评，面向公众做出科学回应。本书邀请华中农业大学张启发院士、中国科学院分子植物科学卓越创新中心/植物生理生态研究所陈晓亚院士、中国农业科学院张春义研究员和范云六院士、中国科学院动物研究所康乐院士对转基因领域展开述评，邀请中国科学院计算技术研究所李国杰院士、复旦大学张军平教授和中国科学院数学与系统科学研究院陆汝钤院士对人工智能领域展开述评。第四章在总结院士专家观点的基础上，从不同角度对我国相关领域的科普工作提出展望与建议。

本书是一次新的尝试，旨在发挥院士专家优势，传播科学精神与理念，促进科学家与公众深层探讨科技热点中的科学问题。感谢中国科学院学部科学普及与教育工作委员会各位委员以及相关领域的院士专家的大力支持，感谢中北大学经济与管理学院刘玉强老师团队的研究支持和贡献。由于时间有限，本书难免存在不足之处，敬请关心中国科普事业发展的各界人士批评指正，让我们为新时代的科学普及事业健康发展共同努力。

中国科学院科技战略咨询研究院

中国科学院学部科学普及与教育研究支撑中心

2020 年 4 月 30 日

目　录

第一章 科技热点概况

随着新兴科技领域的快速发展以及新媒体环境的日新月异，科学与公众之间的问题日益凸显。当前的科学普及工作难以承担弥合科学与公众之间鸿沟的重任，这对科普工作的内容、方式、效果等方面都提出了更高的要求。近年来，由于移动互联网、自媒体平台的迅猛发展，科技与社会议题在不同群体间传播的频率和速度骤然提升，科技与社会的互动愈发激烈。因此，构建“紧跟科技前沿、顺应媒体发展、广泛渗透社会、满足公众需求”的科普工作机制，是国内外高端科技智库开展科普战略咨询研究工作的重要内容，也是科学共同体践行社会责任的前提条件。

根据拉斯韦尔5W模式①，针对科技议题传播的五大要素，即谁（who）、说什么（say what）、通过什么渠道（in which channel）、向谁（to whom）、有什么效果（with what effect），按照“传播主体—传播内容—传播受众”逻辑框架进行科技热点议题分析，能够较为系统、全面地厘清科技热点议题传播的主体结构、关键内容以及受众态度。在传播主体分析上，通过文献调研、座谈访谈等方式发现，科技热点议题的传播主体主要有大学、科研单位、政府科技部门、科普团体、科学家群体、企业机构以及其他多种社会团体。在传播内容分析上，通过文献调研发现，现有的传播内容分析主要是运用文本内容分析方法，围绕相关科技议题对新闻报道、微博、论坛等相关内容进行统计描述。有些研究还运用语义分析方法，分析新闻报道所呈现的情绪或态度。在传播的受众分析上，已有的研究主要采用问卷调查、电话调查、面对面自记式调查等方式，运用统计抽样方法，呈现公众在科技热点议题上的观点与态度。

① 高海波．拉斯韦尔5W模式探源[J]. 国际新闻界，2008，（10）：37-40.

“热点”一词在《现代汉语词典》(第7版)中的释义是:“一个时期内引人注目的地方或问题。”[①] 当前涉及科学普及与热点的词语众多,如社会热点事件、突发事件、网络科技热点事件等。出于不同的立场和关注点,人们对以上事件在概念的界定上是有所区别的。本书对科技热点事件内涵的界定,基于科学共同体如何更加有效开展科学普及工作这一问题。因此,将其定义如下:在社会中引起广泛影响和舆论关切的,且科技内容作为热点事件源头或传播过程中的关键因素的社会热点事件。

① 中国社会科学院语言研究所词典编辑室.现代汉语词典(第7版)[S].北京:商务印书馆,2016:1094.

第一节　科技热点事件

一、热点选择标准与事件主要来源

1. 热点选择标准

在科技热点的选择标准上，主要考虑以下三点：一是涉及国家科技战略布局重点方向，或是对国家经济社会发展有重大影响的科技领域；二是涉及当今世界科技发展的前沿领域；三是涉及国内公众高度关切的科技领域。

2. 事件主要来源

一是刊登在主流纸媒上，如《人民日报》《中国科学报》《科技日报》《科技导报》的科技新闻。二是在网络空间，包括微博、微信、博客、论坛等，引发公众频繁转发、评论的科技事件。

二、重大科技热点事件（2016～2018年）

2016～2018年科技进展显著、热点众多，与此同时，质疑与争议也相伴相生。本书所列的重大科技热点事件是根据《科技日报》的“年度十大科技新闻”、《科技导报》的“年度科技热点事件回眸”筛选出的部分公众或科技界关注度较高的，引发热议、颇具质疑和争议或负面影响的科技热点事件以及媒体争相转载报道的部分科技热点事件，如表 1-1 所示。需要说明的是，近年来的科技热点事件不局限于此。

表 1-1　2016～2018 年重大科技热点事件

序号	时间	具体事件	涉及领域
1	2016 年 1 月	《人民日报海外版》——中国农业大学校长柯炳生：回应转基因“争议” 近几年关于转基因的争议不断，中国农业大学校长柯炳生接受人民网访谈强调了五点内容，科学网等纷纷转载	生命科学
2	2016 年 2 月	《科技导报》——来自宇宙的声音真的被探测到了吗? 美国激光干涉引力波天文台（LIGO）负责人 David Reitze 宣布人类首次直接探测到了引力波，整个科学界为之沸腾，但同时部分科学家对此提出了质疑	天文学、物理学

续表

序号	时间	具体事件	涉及领域
3	2016年3月	《科技导报》——AlphaGo对战围棋高手，人工智能再引热议 谷歌围棋软件AlphaGo与韩国九段棋手李世石的人机对战如约而至，人工智能对战围棋高手引发了科学界的热议	计算机科学
4	2016年4月	农业部网站——农业部新闻办公室举行新闻发布会就“农业转基因有关情况”答记者问 农业部召开农业转基因专题新闻发布会，回应转基因焦点问题，除农业部网站登载外，新华社、中央电视台、《人民日报》等纷纷报道	生命科学
5	2016年4月	《科技导报》——争议中前行，第2例人类胚胎基因编辑完成 广州医科大学附属第三医院范勇研究团队在 *Journal of Assisted Reproduction and Genetics* 发表了全球第2例人类胚胎基因编辑研究论文，一经发表，即引起 *Nature*、*Science*、*New Scientist*、*DailyMail*、	生命科学

续表

序号	时间	具体事件	涉及领域
5	2016年4月	*MIT Technology Review*、《光明日报》、新华网等学术期刊和媒体的关注，中国科研人员在人类胚胎基因编辑方面的研究成果再次掀起国际科技界热议	
6	2016年4月	《科技导报》——免疫疗法行业乱象被曝光 21岁的滑膜肉瘤患者魏则西离世，他生前视为“救命稻草”的“细胞免疫疗法”成为众矢之的，而免疫疗法行业的乱象也再次曝光在公众面前。在“魏则西事件”之后，公众似乎混淆了“细胞免疫疗法”和“免疫疗法”的概念	医学
7	2016年5月	《科技导报》——基因编辑新技术NgAgo-gDNA能否重复之争 河北科技大学副研究员韩春雨在 *Nature Biotechnology* 上发表研究论文，公布了基因编辑新技术NgAgo-gDNA的成果，这在科技	生命科学

续表

序号	时间	具体事件	涉及领域
7	2016年5月	界立刻引起了轰动。几个月后澳大利亚、美国、西班牙以及中国等多位科学家公开表示无法重复他的NgAgo-gDNA实验，引发大量的质疑与争议	
8	2016年8月	《科技导报》——中国应不应该建造大型对撞机？ 菲尔兹奖获得者、著名华裔数学家丘成桐发声支持中国建造大型对撞机，对诺贝尔奖得主杨振宁"反对建造大型对撞机"的意见提出质疑。杨振宁对此进行了回应，科学家之争引发了公众的广泛关注	基础科学、工程科学
9	2016年8月	《科技日报》——在争议中前行，人工智能用于医学领域前景可期？ 日本东京大学医学研究院的科学家利用美国国际商业机器公司（IBM）研发的"沃森"人工智能系统，仅用不到10分钟时间就诊断出一名60岁女性患有罕见的白血病，并给出了治疗方案，这位女	计算机科学、生命科学

续表

序号	时间	具体事件	涉及领域
9	2016年8月	性因此得以康复。此事件再次点燃了公众对将人工智能技术应用于医疗保健领域的热情，但也有科学家担心，医疗隐私数据会被泄露和滥用，人民网等纷纷转载相关报道	
10	2016年8月	《科技导报》——小苏打治癌，癌细胞真的会被“饿死”吗？ 浙江大学肿瘤研究所胡汛团队和浙江大学医学院附属第二医院晁明团队合作，利用小苏打阻断肿瘤内的“食物”供应，进而杀死处于葡萄糖饥饿状态下的肿瘤细胞。如果肿瘤细胞可以被“饿死”，将是医学领域重大的创新突破。对于这一实验结果，媒体的过分解读，再加上公众求医心切等多方面因素，导致小苏打的治疗功效被过分夸大	医学、生命科学
11	2016年11月	《科技导报》——“三父母”婴儿诞生，定制婴儿再惹争议 英国人类受精和胚胎学管理局（HFEA）宣称，“线粒体置换疗法”已经做好进行临床试验的准备，英	医学、生命科学

续表

序号	时间	具体事件	涉及领域
11	2016年11月	国可能很快成为第一个明确允许"三父母"婴儿出生的国家。这引发了科学家的质疑和争议	
12	2016年12月	《科技日报》——黑龙江禁种转基因作物引争议，专家称别让被误导的民意左右科学决策 2016年12月16日，黑龙江省发布消息称，根据最新修订的《黑龙江省食品安全条例》，自2017年5月1日起，将在该省行政区域内全面禁止种植、生产、加工和销售转基因玉米、水稻、大豆等作物，以及含有转基因成分的食用农产品。此消息一经发布即引起轩然大波	生命科学
13	2017年5月	《科技导报》——AlphaGo获封围棋九段，人工智能发展是否会威胁人类? 在中国乌镇围棋峰会上，AlphaGo与围棋世界冠军柯洁对战，以3比0的总比分获胜，赛后中国棋院授予AlphaGo"中国围棋职业九段"的称号，AlphaGo在围棋领域战果	计算机科学

续表

序号	时间	具体事件	涉及领域
13	2017年5月	辉煌，人工智能威胁论也再一次引发热议	
14	2017年5月	《科技导报》——CRISPR安全性被质疑？专家称小样本或不能佐证 《Nature Methods》在线发表了1篇来自美国哥伦比亚大学等研究机构的通讯文章，研究人员通过全基因组测序结果对比发现，2只经过CRISPR基因编辑修饰的盲鼠DNA发生了上千个单核苷酸突变，并有100多个基因片段的插入或缺失，众多科学家质疑其结果可信度，也促使科学家更加重视基因编辑的安全性问题	生命科学
15	2017年7月	《科技导报》——美科学家修改人类胚胎基因，“设计婴儿”又向前迈进一步？ 美国科学家在《Nature》的发文，首次利用CRISPR/Cas9基因编辑技术，修正了未被植入子宫前的人类胚胎中一种与某种遗传性心脏疾病有关的基因变异。这是继中国之后，美国科学家首次编辑人类胚胎基因，	生命科学

续表

序号	时间	具体事件	涉及领域
15	2017年7月	引发世界许多媒体的热议，关于该项技术的安全性问题，已有部分科学家表示质疑	
16	2017年8月	《科技导报》——中国“大望远镜”：该不该建，如何建？ 两封关于中国如何筹建12米大口径光学红外望远镜的公开信，让中国天文界内部关于大望远镜的建造争议公之于众，关于12米大口径光学红外望远镜筹建方案的讨论持续发酵	天文学
17	2017年9月	《科技导报》——可再生能源可100%满足139个国家的用电需求，理想还是现实？ 美国斯坦福大学 Mark Z. Jacobson 研究团队在 *Joule* 上发布了一份最新的可再生能源图谱，称到2050年，太阳能、风能、水力发电和地热能等可再生能源，可以满足139个国家的全部用电需求，引发科学界的热议和争论	能源科学

续表

序号	时间	具体事件	涉及领域
18	2017年8月	《中国科学报》——转基因三文鱼首次走上餐桌 经过20多年的等待，转基因三文鱼终于走上了人类的餐桌。美国马萨诸塞州的AquaBounty公司工作人员近日透露，他们已向加拿大销售了1万磅（约合4536千克）转基因三文鱼产品，跨出“里程碑式一步”，但支持者和反对者的两极反应表明，围绕转基因食品的争议不会在短期内终结。不仅《中国科学报》，新华社等国内其他媒体也纷纷就此事件进行了相关报道	生命科学
19	2017年10月	《科技导报》——马兜铃酸可能导致肝癌？中药安全又被误解？ 关于马兜铃酸致癌的争议由来已久，一篇关于马兜铃酸可能导致肝癌的论文在 *Science Translational Medicine* 上发表。该项研究再次将马兜铃酸推上风口浪尖，中药的安全性问题引人深思	医学、药学

续表

序号	时间	具体事件	涉及领域
19	2017年11月	《科技导报》——遗体头颅移植手术，技术可行？伦理何往？ 意大利神经外科医生Sergio Canavero在奥地利首都维也纳召开新闻发布会，宣布世界第1例人类头部移植手术已经在一具遗体上实施。该手术由哈尔滨医科大学骨科医生任晓平协助完成，手术地点是中国。这项饱受争议的实验，不被国内外主流学界认可，在技术上和伦理上被打上诸多问号	医学
20	2018年8月	《科技导报》——河北科技大学公布调查结果，韩春雨论文“非主观造假” 河北科技大学公布了对韩春雨团队在*Nature Biotechnology*上发表的关于基因编辑新技术NgAgo-gDNA的撤稿论文相关情况的调查处理结果，科学界仍存有不同的声音	生命科学

续表

序号	时间	具体事件	涉及领域
21	2018年10月	《科技导报》——心肌干细胞发现者造假，哈佛大学撤稿31篇 美国哈佛大学医学院以论文涉嫌伪造、篡改实验数据为由，要求撤回哈佛大学医学院前教授Piero Anversa发表的31篇关于心肌干细胞的论文。在这次事件中，中国心肌干细胞领域的研究人员也陆续遭到来自其他研究小组及社会各界的质疑	医学、生命科学
22	2018年11月	《科技导报》——编辑婴儿出世，引发全球担忧和热议 南方科技大学生物系副教授贺建奎宣布，一对名为露露和娜娜的基因编辑婴儿在中国诞生。国内百名科学家在微信公众号《知识分子》发表联合声明："CRISPR基因编辑技术的脱靶问题不解决，直接进行人胚胎改造并试图产生婴儿的任何尝试都存在巨大风险。"	生命科学

第二节　遴选“转基因”和“人工智能”领域科技热点事件的基本考虑

科技热点事件的正向传播促进了科学技术知识的传播与普及，有助于公众共享科技进步带来的福祉。但如缺乏有效引导，极有可能从正面走向争议，从争议走向误解，进而影响科技的进步与社会应用，甚至影响公众的切身利益和国家经济的发展，造成不必要的社会恐慌与社会资源浪费。

本书所列出的近年来重大科技热点事件主要涉及两个研究领域：生命科学和计算机科学。生命科学领域重大热点事件的核心议题包括转基因和基因编辑技术，而计算机科学领域重大热点事件的关键议题是人工智能技术。值得注意的是，转基因和人工智能不仅仅是面向国家战略需求的科技前沿，而且其发展涉及多领域的应用极有可能引发广泛复杂的社会问题，深刻影响着公众的个人利益。公众作为转基因和人工智能技术发展和应用的利益相关者和风险承担者，有全面清晰地了解转基因和人工智能领域发展的需求，科学家群体也有责任不避尖锐问题，主动回应社会关切，发出权威声音。基于上述考虑，本书遴选“转基因”和“人工智能”两个领域的科技热点事件，邀请相关院士专家对其背后的科学问题展开述评。

第二章
转基因科学问题

第一节 转基因领域公众态度调查与传播研究概况

一、官方机构开展的转基因公众态度调查

2015年第九次中国公民科学素质调查转基因科技议题模块的数据显示[①]，我国公民的转基因知识水平较为有限，对转基因相关知识的认知和理解不充分。我国公民

① 任磊，高宏斌，黄乐乐．中国公民对转基因的认知和态度分析 [J]. 科普研究，2016，11（03）：59-64.

较为认同转基因带来的好处和收益，但对于转基因食品的潜在风险表现出较为谨慎的态度；对于转基因作物对自然环境影响的态度比较分散，认为对自然环境无害的比例相对较高；对转基因技术的应用是否持支持态度呈现多元分散的局面。

1. 转基因在中国知晓度较高

调查结果显示，我国有 60.7% 的公民听说过转基因，选择“没听说过”和“不知道”的比例分别为 22.4% 和 16.9%。

2. 中国公民转基因认知水平有限

调查选取了五个与公众日常生活相关的题目评测公众对于转基因的认知和理解状况。与欧美相关调查的可比结果进行比较显示，我国公民（2015 年）有关转基因的总体知识水平低于美国（2003 年），略高于欧盟（2003 年）。

2016 年，科技日报社和中国科学技术发展战略研究院组织的“公众对转基因技术态度调查”[①]结果同样显示，听说过“转基因”的公众中，只有 9.1% 的公众认为对转

① 此次调查采用计算机辅助电话访问系统的方法，在全国范围内选取了 10 个调查地区，采用随机拨号的方式开展调查，最终完成有效问卷 1206 份。

基因方面的知识了解“非常多”或“比较多”，47.5% 的公众认为“比较少”，24.9% 的公众认为“非常少”，还有 18.4% 的公众认为“完全没有”。

3. 中国公民对转基因技术的应用是否持支持态度呈现多元分散的局面

2015 年第九次中国公民科学素质调查数据显示，有 32.2% 的受访者表示支持，38.5% 的受访者表示既不支持也不反对，21.9% 的受访者表示反对，还有 7.4% 的受访者表示不知道。选择既不支持也不反对的中立观点的比例最高，这说明我国公民对转基因技术的认识仍然不够成熟，当前的争论也容易使公众出现消极和无所适从的选择。

4. 中国公民对转基因的接受度近年来呈持续快速下滑趋势

2006 年对 11 个城市的公众调查数据显示，当时城市消费者对转基因食品的接受比例约为 65%。2011 年一项针对 5 个城市公众的调查数据显示，尚有 42.1% 的公众明确支持在我国推广种植转基因水稻。但 2016 年科技日报社和中国科学技术发展战略研究院组织的“公众对转基因技术态度调查”数据显示，仅有 25.7% 的受访者明确表示支持在我国推广种植转基因水稻，65.2% 的受访者明确表示反对；仅 18.9% 的受访者明确表示愿意吃转基因食品，72.8% 的受访者明确表示不愿意吃。

该项调查结果还显示，高学历人群对转基因医疗应用的支持度相对较高；多数公众支持开展转基因研究。总体上只有 24.5% 的受访者明确表示支持转基因技术应用于医疗药品生产（明确反对的占 60.8%），但在大专及以上的受访者中，支持的比例达到了 40.1%。62.6% 的受访者明确表示赞成开展转基因技术的科学研究活动，其中大专及以上学历的受访者赞成的比例更高达 78.2%。

二、科学家开展的转基因公众态度调查

自 2002 年以来，针对转基因食品的公众态度，我国学者开展了大量的研究。尽管样本选择各有不同，但是依然能够看到支持转基因食品与反对转基因食品之间的比率呈逐年下降趋势（表 2-1），这表明我国消费者对转基因食品总体持越来越谨慎的态度。

表 2-1　2002～2016 年中国公众对转基因食品的总体态度比较

调查年份	第一作者	问卷受访人数/人	采样区域	态度分类			
				支持/%	反对/%	中立/%	支持：反对比率
2002	黄季焜	1005	5 个省	57.0	11.0	24.0	5.18
2006	刘志强	305	济南市	20.2	13.5	66.2	1.50
2009	周梅华	300	长沙市	42.0	24.3	33.7	1.73
2010	范丽艳	925	石家庄市	19.9	12.3	67.8	1.62
2010	沈　娟	493	南京市	19.7	20.5	44.2	0.96
2010	李苹绣	200	广州市	34.4	13.6	52.0	2.52
2011	冯宣良	1170	6 个市	55.5	25.4	19.1	1.57
2011	吴维成	1000	成都市	34.0	24.3	41.7	1.40
2011	薛希鹏	170	杭州市	34.7	29.9	35.4	1.16
2012	阮金丽	200	深圳市	32.0	37.2	30.8	0.86
2012	郑凯芸	291	成都市	23.0	29.2	47.8	0.79
2013	张熠婧	952	15 个省	26.2	27.1	37.9	0.97
2014	李倩如	361	安徽省	10.2	50.1	39.6	0.20
2014	张芯蜜	200	成都市	37.0	51.0	12.0	0.73
2015	郭　浪	187	株洲市	24.6	66.8	8.6	0.37
2016	孟玲先	934	山西省	19.3	30.5	50.2	0.63
2016	崔　凯	2063	中国大部分地区	11.9	41.4	46.7	0.29

资料来源：Cui K, Shoemaker S P. Public perception of genetically-modified (GM) food: a nationwide Chinese consumer study[DB/OL]. https://www.nature.com/articles/s41538-018-0018-4 [2018-06-15].

支持 / 反对大于 1 说明支持者人数多于反对者，小于 1 则说明反对者人数多于支持者。从表 2-1 的数据可以看出，中国消费者对转基因食品的支持 / 反对比率总体呈下降趋势。在 2012 年以前，支持者多于反对者；2012 年以后，反对者开始多于支持者。究其原因，与 2012 年发生的湖南转基因“黄金大米”事件，以及随后爆发的方舟子和崔永元两位公众人物关于转基因食品安全性的论战持续发酵并引发广泛关注有很大关系。

尽管总体支持率呈下降趋势，但其中也存在一定的群体差异。学者崔凯于 2016 年进行了一次全国性的社会调查，共收集有效问卷 2063 份，受访者常住地包括中国 31 个省（自治区、直辖市）的 193 座城市（不包括港澳台地区）。2018 年 6 月 5 日，《Nature》旗下的食品刊物《npj-Science of Food》刊载了此次调查研究结果的文章《转基因食品公众认知：中国消费者调查》[*Public Perception of Genetically-Modified（GM）food: A Nationwide Chinese Consumer Study*]，其对转基因食品态度的群体差异进行分析发现：年龄段与对转基因食品的支持态度呈反比，1990 年以后出生的年轻群体对转基因食品支持率最高（19.5%），反对率最低（18.5%）；

男女性别对转基因食品的态度没有显著差异；中国西部省（自治区、直辖市）对转基因的支持率最低（7.4%），反对率最高（51.3%）；研究生以上的高学历群体对转基因支持率最低（9.5%），反对率最高（47.8%）；大学及以上学历群体中，理科背景的受访者对转基因的支持率（14.1%）显著高于文科背景（7.5%）；低收入群体对转基因食品的反对率（34.2%）要显著低于高收入群体（51.6%）。

2016 年，美国国家科学院、工程院和医学科学院发布了长达 606 页的研究报告，并做出结论："没有发现确凿证据表明目前商业种植的转基因作物与传统方法培育的作物在健康风险方面之间存在差异，没有任何疾病与食用转基因食品之间存在关联，食用转基因食品不会为人体健康带来更高的风险。"①这是全球最为权威的学术机构联合对转基因食品安全做出的结论。然而，崔凯博士本次调查结果显示，45.5% 的中国消费者认为：科学家的观点也不可信（图 2-1）。

① National Academies of Sciences, Engineering, and Medicine. Genetically Engineered Crops: Experiences and Prospects[M]. Washington D C: The National Academies Press, 2016.

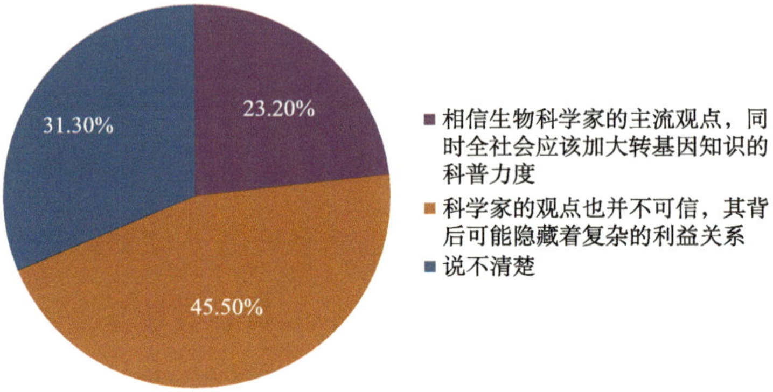

图 2-1　公众对科学家公信力的态度

三、国内转基因领域热点议题的学术研究概况

通过中国知网数据库，以“转基因 + 态度”“转基因 + 认知”“转基因 + 传播”等检索词进行数据检索，共检索到文献 445 篇，人工筛选与本书热点议题高度相关的论文，共得到 190 篇论文作为分析样本[①]。

我国科学界对转基因领域热点议题研究呈现波浪起伏的趋势，2009 年、2013～2015 年，学界对转基因领域热点议题的关注都达到相对高点。这与转基因主粮争议（2009 年）[②]、“黄金大米”事件（2012 年）[③]、农业部批准

① 数据来源于中国知网数据库，检索日期 2019 年 1 月 3 日。

② 2009 年 11 月，农业部批准了水稻、玉米、小麦三个转基因品种的安全证书，随即引发了巨大争议。

③ 2012 年 8 月，汤光文等在《美国临床营养杂志》发表了题为《“黄金大米”中的 β- 胡萝卜素与油胶囊中 β- 胡萝卜素对儿童补充维生素 A 同样有效》的研究论文，引起了社会的关注。

三种转基因大豆进口争议（2013 年）、崔永元和方舟子就转基因食品安全性公开论战（2013 年）、崔永元转基因调查纪录片发布（2014 年）以及美国批准麦当劳供货商种植转基因土豆（2014 年）等争议性事件的发生时间也相对吻合。

通过主题汇聚研究发现，2000～2018 年，转基因领域主要关注转基因认知、影响因素、转基因动物、安全性评价、转基因水稻以及转基因的科学传播等相关议题。

对 190 篇文章的类型进行分析发现：从资源类型分布上看，185 篇论文以期刊学术论文和博士 / 硕士论文为主，占到了 93%，研究层次和水平相对较高；从学科分布上看，主要集中在经济与管理科学、农业科技、基础科学以及工程科技等研究领域；从机构分布上看，农业类大学对转基因领域热点议题的研究相对较多，也较为持续，如华中农业大学、南京农业大学以及中国农业大学等；从基金分布上看，转基因领域热点议题的研究同样得到了国家自然科学基金、国家社会科学基金等一系列基金的资助（图 2-2）。

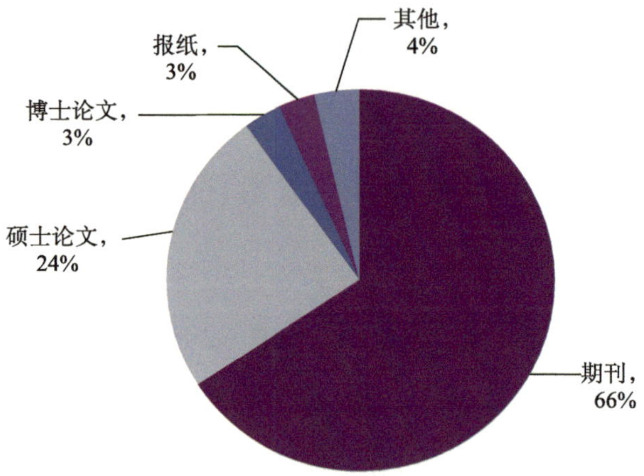

（a）资源类型分布

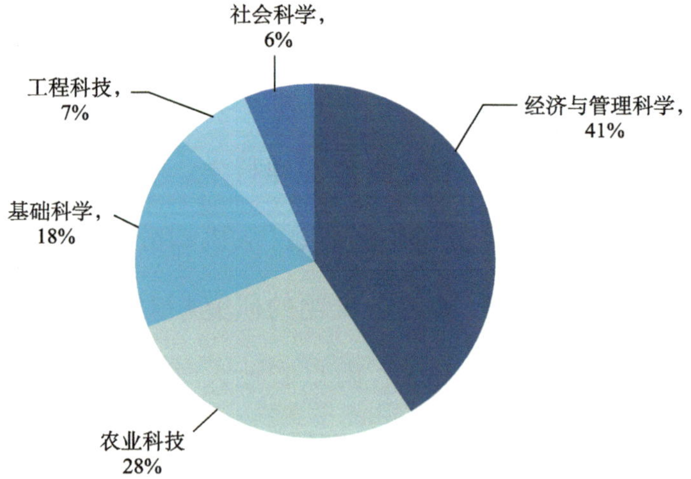

（b）学科分布

图 2-2　2000～2018 年，转基因领域公众认知研究分布图

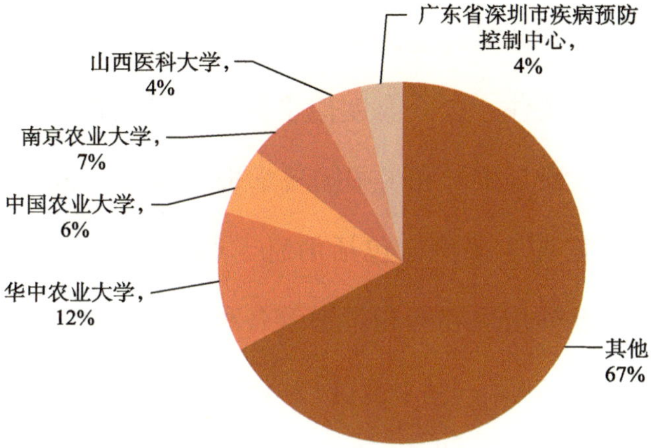

（c）机构分布

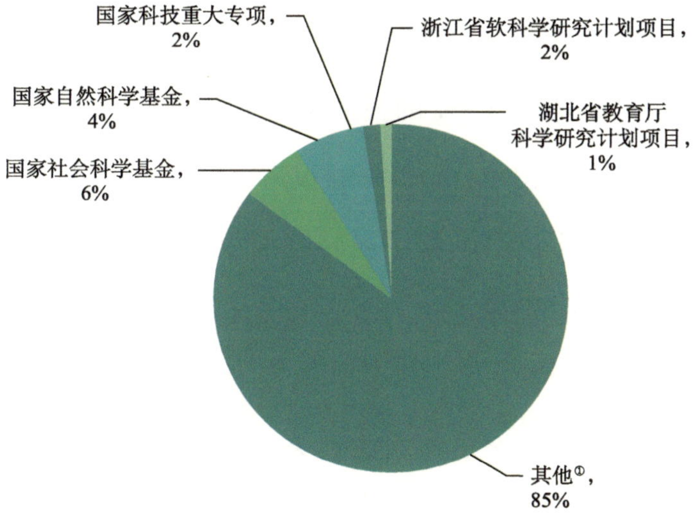

（d）基金分布

图 2-2　2000～2018 年，转基因领域公众认知研究分布图（续）

① 占 85% 的其他基金中，包含了省级、市级、校级等多种类型的研究基金。

四、转基因领域的媒体报道概况

除了科学家针对转基因领域开展学术研究外，媒体对这一领域也很关注，公众态度似乎更容易受到媒体报道的影响。以《人民日报》和《中国科学报》2003～2014年报道的转基因议题为案例，包括消息、通讯、评论、专访、科普文摘、系列报道和专题报道等各种体裁的报道，实际获得样本数是79篇《人民日报》新闻报道和200篇《中国科学报》报道，共计279篇报道，分析发现：

（1）安全问题是最主要的报道角度。从报道角度看，26.7%的报道关注转基因安全问题，24%的报道关注转基因政策法规，23.3%的报道关注市场产业，14.7%的报道关注转基因技术，11.3%的报道关注公众认知。《人民日报》和《中国科学报》在转基因议题的报道中关注点集中的主体是科学家的行为态度和科技信息，其次是对典型事件的调查。

（2）报道大多呈现正面或者中性的阐述。以《中国科学报》为例，多篇文章展示了转基因技术的意义和农业生产与人类生活的改善。《人民日报》对转基因技术本身也提出了要争取掌握转基因技术的关键、拥有技术专利等观点。但对于转基因技术的科学规范和技术本身可能存在的风险则持中性、审慎的态度。对于“黄金大米”事件中有悖实验常规程序和科研伦理规范的行为，两家媒体都呼吁追责和反思。

（3）消息来源以媒体自采为主。两家媒体的主要消息来源都是媒体自采，一般模式是综合了某涉事方的态度或事件的某一进展，配合媒体整合的背景性资料。这类报道虽然客观性较强，可以帮助受众了解到事件发生发展的大环境，但不利于受众从信息量较大的报道中筛选出关键信息。相关方获得的直接发声的机会较少，报道没有亲临其境之感。

（4）报道对象以科学家行为态度和科技信息为主。《人民日报》和《中国科学报》在转基因议题的报道中关注点集中的主体是科学家的行为态度和科技信息，其次是对典型事件的调查。极少关注当事方，如“黄金大米”事件中参与实验的儿童或生产转基因食品的企业。

五、转基因领域的网络传播概况（以新浪微博为例）

以“转基因食品”为关键词，在新浪微博上，公众就转基因食品的安全性、商业化和标识等问题展开激烈争论，由此形成了复杂的转基因食品信息微博传播网络。

在微博平台上，普通网民逐渐成为新的意见阶层，成为公共舆论的主体，但实际上真正在引导公众注意力的是网络意见领袖。他们是一系列热点信息的源头，普通用户发布的信息也只有经过他们转发才有可能广泛扩散，意见领袖间的微博互动行为将在很大程度上决定信息的流向、速度以及公共舆论倾向。已有研究[①]运用社会网络分析方法，考察由转基因食品微博意见领袖基于关注关系构成的传播网络，研究结果发现：

（1）在微博空间内，传统的“科学家—媒体—受众”的线性科学传播模式被多元交互的“N—N”模式取代。信息资源不再被科学家和大众媒体垄断，人文社科学者、作家、媒体人、非政府组织（NGO）乃至普通公众提供的科学议题相关信息也能够得到广泛传播；信息传递不再依赖于单一的大众媒体信道，传播主体间存在普遍和直接的双向信息交流；信息能通过社会关系形成“裂变式”传播，快速抵达网络中的所有行动者，传播效率得到了几何级数的提升。

（2）微博科学传播主体间的关系呈现出精英民主化特征。普通微博用户虽然可以便捷地获取多来源的信息，

① 杨辉，尚智丛．微博科学传播机制的社会网络分析——以转基因食品议题为例 [J]. 科学学研究，2015，33（3）：337-346.

但其传播信息的范围局限于狭小的个体微博关系圈中。传播网络中存在一些核心节点扮演意见领袖角色，他们拥有大量粉丝，相互之间交流密切。然而，意见领袖的信息传播权力来源于无数普通微博用户的自主选择，普通微博用户随时可以通过取消关注、不再转发等手段削弱这种权力。值得注意的是，科学权威并不是公众选择意见领袖的核心标准。在转基因食品微博意见领袖中，理工科学者和科普作家仅占 19.2%，而媒体人、人文社科学者、企业管理者和其他作家占 40% 以上。权威科学声音的不足容易导致非科学甚至伪科学信息主导微博空间。

（3）争议性公共科学议题的微博传播造成传播主体的群体极化。在转基因食品信息微博传播中，存在由科学家和科普作家组成的支持者子群，以及主要由媒体人和人文社科学者组成的反对者子群。两个子群内部节点间的联系紧密程度均远高于整体传播网络。两者之间鲜明对立，都不愿意从对方那里获取信息。

六、转基因领域面临的主要科学问题

1972 年，美国生物化学家保罗·伯格领导的研究小组首次完成了两种 DNA 分子的体外重组，标志着人类开启了建构或者说是合成生物的大门。这一研究使得跨物种间的分子设计成为可能，对医学、农业和环境发展的影响难以估量。然而，重大的技术突破也可能存在潜在的严重危害。转基因技术在引入之初，公众就对转基因技术持怀疑态度，但是科学共同体最初并没有给予足够重视。1996年欧洲转基因作物的引入，以及1997年克隆羊“多莉”的诞生，成为转基因发展史上的分水岭事件，引起了全球性的广泛争议，其后转基因技术在冲突争议中曲折发展，世界范围内许多转基因研究和发展计划不得不做出调整或暂停。

随着转基因技术的快速发展、技术与产业的深度连接，转基因技术研究涉及越来越多的商业利益。加之，英国科学家在“疯牛病事件”上的错误决策以及“Pusztai事件”①的广泛影响，严重降低了公众对科学家以

① 英国Rowett研究所Pusztai博士用转雪花莲凝集素基因的马铃薯喂大鼠，1998年秋在英国电视台发表讲话，声称大鼠食用后“体重和器官重量减轻．免疫系统受到破坏”。此事首次引起国际轰动，绿色和平组织、地球之友等反生物技术组织把这种马铃薯说成是“杀手”，策划了焚烧破坏转基因作物试验地、阻止转基因食物进出口、示威游行等。英国皇家学会对此非常重视，组织了同行评审．并于1999年5月发表评论，指出Pusztai的实验有六方面的错误，即：不能确定转基因和非转基因马铃薯的化学成分有差异；对食用转基因马铃薯的大鼠未补充蛋白质以防止饥饿；供试动物数量少，饲喂几种不同的食物，且都不是大鼠的标准食物，不具有统计学意义；实验设计不合理，未作双盲测定；统计方法不当；实验结果无一致性等。——摘录自农业农村部网站信息，参见：http://www.moa.gov.cn/ztzl/zjyqwgz/sjzx/201007/t20100717_1601297.htm.

及政府决策的信任，使得转基因技术一直在波折中发展。

中国作为农业生产大国，发展转基因技术是党中央、国务院做出的重大战略决策。国家对转基因的要求是明确的，也是一贯的：研究上要大胆，坚持自主创新；推广上要慎重，做到确保安全；管理上要严格，坚持依法监管。尽管我国在转基因研究领域起步比较早，也形成了一支很好的科学家队伍，但相应的科普工作、相关支撑技术以及基础设施仍然比较薄弱，这与国际发展趋势和国内发展要求都极不相符。

以往的调查研究均反映出一个关键的共性问题，在有关转基因的信息传播中权威的科学声音太少，致使非科学甚至伪科学内容充斥和扩散。近年来转基因中的热点和焦点主要集中在转基因的安全性、转基因技术的产业化问题以及转基因领域发展面临的伦理、法律和社会问题等，这些都是随着技术的发展而不断涌现的一系列科学问题，我们应该以科学的态度加以重视，深入研究和理性探讨，积极推动科学家和公众的对话、交流，促进社会公众也包括媒体全面客观了解转基因技术的来龙去脉、发展的历史现状以及它的特性和安全性等，能够更加理性地看待转基因技术和转基因的产品。

针对转基因农作物产业化问题，我们聚焦中国的转基因水稻，邀请张启发院士对此展开详细的述评；针对转基因技术面临的伦理、法律和社会问题，中国转基因技术发展与应用过程中遇到的问题与困境以及转基因科学普及等方面的问题，我们分别邀请陈晓亚院士、范云六院士、张春义研究员进行深度的述评。在此基础上，对于近年来公众普遍关心的转基因食品安全问题，我们通过问答的方式邀请康乐院士，以通俗易懂的语言回应了五个较为热门的问题。

第二节　中国转基因水稻之殇
——张启发院士[①]述评

转基因技术是现代生物技术的核心技术之一，各国政府高度重视，几十年来持续出台优先发展计划和政策。在我国，由于一系列国家科技计划的长期支持，以水稻为代表的农作物基因组和生物技术研究取得了巨大进展，鉴定和分离克隆了一大批与水稻产量、品质、抗逆等性状相关的具有重要应用前景的功能基因，培育出以“华恢1号”与“Bt汕优63”为代表的系列抗虫、抗病、抗逆及高产优质的转基因水稻新品系。我国在农业生物技术领域的自主创新能力已经进入世界先进水平的前列[②]。

与之不匹配的是，我国转基因作物产业化严重滞后，

---

① 张启发，华中农业大学生命科学技术学院教授。1999年当选为中国科学院院士，2000年当选为第三世界科学院（2004年更名为发展中国家科学院）院士，2007年当选为美国国家科学院外籍院士。长期从事水稻功能基因组和遗传改良研究。构建了大规模水稻功能基因组研究的技术和资源平台，鉴定分离了一批具有重要应用前景的水稻功能基因，在水稻杂种优势利用的生物学基础（杂种优势的遗传基础、雄性不育、亚种间杂交）研究取得了系列进展；建立了基因组育种的技术体系；提出了“绿色超级稻”理念（少打农药、少施化肥、节水抗旱、优质高产），组织实施了“绿色超级稻新品种培育”国家重大项目，带领团队培育出一批具有绿色性状的水稻品种并应用于生产。

② 中国科学院．作物功能基因组学 [M]. 北京：科学出版社，2019.

长期止步不前，转基因抗虫水稻就是典型案例。经历了漫长的生物安全评价，2009年“华恢1号”与“Bt汕优63”获得农业部颁发的生产应用安全证书，这意味着商业化生产已不存在技术上的障碍。虽然距离市场只有一步之遥，但历时10年，这两个中国技术成熟度最高的转基因产品，至今仍看不到应用的希望。这篇述评记述了20余年来转基因水稻研发者的雄心与痛苦、希望与失望，并对如何突破困局提出建议。然转基因水稻之殇，只不过是当前我国农业生物技术应用黯淡前景的一个缩影。

一、我国为什么要发展转基因水稻？

在中国，水稻常年播种面积稳定在4.5亿～5亿亩[①]，约占我国作物总播种面积的20%，是我国一半以上人口的主粮[②]。长期以来，我国农业基础比较薄弱。近几十年来，随着人口增长、经济发展，资源环境的约束加剧；农业生产既要保障粮食安全，又要促进农业可持续发展，面临的供给、资源和环境压力越来越大；人口增长和生活水平提高对粮食的刚性需求持续增长，消费结构变化

① 1亩≈666.7米^2

② 中国水稻研究所，国家水稻产业技术研发中心．2017年中国水稻产业发展报告[M]. 北京：中国农业科学技术出版社，2017.

对粮食生产带来新的挑战；耕地和水资源对粮食生产制约性增大，粮食生产与资源、环境的矛盾日益突出。另外，通过传统技术取得育种的新突破越来越难，近20年来农作物新品种的产量改良年递增率不足0.5%。为了解决上述问题，转基因技术被寄予厚望。

自20世纪80年代以来，我国政府一直把转基因生物技术作为支撑发展、引领未来的战略抉择。从邓小平到习近平，党和国家主要领导人都对发展基因工程和转基因有专门的论述，多年的中央一号文件均对推进转基因生物新品种培育和产业化有明确部署。我国在国家高技术研究发展计划（简称863计划）、国家重点基础研究发展计划（简称973计划）等一系列国家科技计划中对农作物转基因研发进行了系统的布局，并在1999年、2008年先后启动转基因生物新品种培育两个国家科技重大专项。历经30余年发展，我国在基因克隆、转基因技术、新品种培育等方面取得了重要进展，自主创新能力显著增强，生物安全保障能力持续提升，生物产业蓄势待发。

20余年来的全球转基因作物应用的实践表明，转基因作物的种植不仅能提高产量，减少农药和化肥的使用，降低劳动力成本，而且能显著提升农产品品质，保护生态环境，增强农业竞争力。先进国家如美国、加拿大等通过大力发展转基因作物，引领了现代农业和种业的发展，产生了巨大的经济效益。巴西、阿根廷等后发国家果断“拥抱”转基因技术，大力发展转基因农业，在世界农产品贸易中迅速获得了举足轻重的地位。

我国作物转基因研究尤其是水稻转基因技术是和世界先进水平同步的，一直处于“并跑”并在部分领域处于“领跑”的状态。鉴于水稻既是主粮又是重要的模式植物，我国政府对水稻研究尤其重视，长期重点支持。中国水稻基因组、功能基因组和分子生物学、生物技术和育种研究成果累累，人才辈出。近 20 年来水稻文献无论是量还是质均居全球之首；中国科学家进行了数千水稻品种的基因组测序，鉴定和克隆出了大批具有自主知识产权的基因；培育了世界上一半以上的转基因水稻材料，用于水稻转化的目的基因达 100 多个；2000 年以来，在世界范围内水稻基因相关专利的申请总量和年申请量均远高于美国、日本等国，中国水稻基因知识产权的优势明显①；以杂交稻为代表的水稻育种长期在全球领先②。以这些坚

① 刘旭霞，林拥军．我国转基因水稻产业化中的知识产权问题解析 [DB/OL]. http://www.moa.gov.cn/ztzl/zjyqwgz/kpxc/201305/t20130507-3452548. htm[2019-12-30].

② 袁隆平．发展杂交水稻　保障粮食安全．杂交水稻，2010，25（S1）：1-2.

实的技术储备为基础，我国转基因技术在农作物的应用首先选择水稻是历史的必然。

新中国成立以来，品种改良一直主导着水稻生产。矮化育种、杂交稻引领了水稻育种和生产方式的变革，这为保障我国粮食的供给做出了巨大贡献，被誉为“绿色革命”。然而，“绿色革命”也带来化肥和农药滥用、资源消耗过度、土壤退化、环境污染严重等诸多弊病；当前农村劳动力大量转移，对能适应轻简化田间操作的新品种又产生了迫切需要。育种技术的核心是对关键基因的发现和利用。转基因技术能够打破物种的隔离，实现跨物种的基因转移，从而克服水稻育种技术的瓶颈，助力培育以“少打农药、少施化肥、节水抗旱、优质高产”为目标的“绿色超级稻”，引领新的“绿色革命”，为农业的绿色发展提供路径①。

水稻是遭受虫害最多的粮食作物。据统计，国内有记载的水稻害虫有385种，其中约20种为主要害虫②。对水稻危害最为突出的害虫是钻蛀性螟虫，如二化螟、三化螟、大螟等，以及稻纵卷叶螟和褐飞虱。现有研究表

① 张启发．资源节约型、环境友好型农业生产体系的理论与实践．北京：科学出版社，2015.

② 洪晓月，丁锦华．农业昆虫学（第2版）[M].北京：中国农业出版社，2007.

明，水稻的种质资源中缺乏对钻蛀性螟虫和稻纵卷叶螟的有效抗性基因。因此，长期以来水稻生产主要依赖化学杀虫剂来防治这些害虫。有资料显示，全国稻螟年发面积约 1500 万公顷，防治面积 3800 万公顷，按 21 世纪初的物价和人工费估计，全国每年稻螟造成的直接经济损失达 160 亿元[①]。大量使用化学杀虫剂不仅增加农民负担，而且破坏生态环境，农药残留威胁人畜健康。

早在 1901 年，人类就发现了苏云金芽孢杆菌（Bt）具有杀虫功能，且杀虫活性特异，由苏云金芽孢杆菌开发出的杀虫剂对环境友好、对人体安全，已被广泛安全应用半个多世纪。过去 30 多年来，用从苏云金芽孢杆菌分离出的杀虫晶体蛋白质基因培育出的抗虫转基因大豆、玉米在全球获得大面积推广，取得了巨大的经济、环境和社会效益。美国农业部（USDA）2014 年发表的数据表明，美国转基因抗虫玉米的产业化，使得近十年来美国的玉米生产减少农药用量 90% 以上[②]。如果我国能培育和推广抗虫水稻，相信会产生类似的效果，为绿色农业做出巨大贡献。

---

① 盛承发 . 我国稻螟灾害：暴发及对策 [J]. 中国科学院院刊，2005，（3）：200-204.

② Fernandez-Cornejo J, Wechsler S, Livingston M, et al. Genetically Engineered Crops in the United States[R]. Ann Arbor: United States Department of Agriculture, 2014.

二、我国转基因抗虫水稻技术完全成熟，具备产业化条件

华中农业大学水稻团队研发转基因抗虫水稻始于20世纪90年代初。1995年开始研发无标记抗虫转基因水稻，采用了基因枪介导的共转化技术，以其时全国种植面积最大的杂交稻“汕优63”的恢复系“明恢63”为受体，转化人工合成的Bt杀虫基因（*cry1Ab/cry1Ac*），培育出的转基因水稻命名为“华恢1号”。以“华恢1号”为父本，“珍汕97A”为母本，配制的杂种叫“Bt汕优63”。“华恢1号”和“Bt汕优63”均表现出很强的抗虫性，所有关键技术、基因、遗传材料的知识产权均属于国内科研单位。“华恢1号”和“Bt汕优63”于1999年通过农业部组织的成果鉴定。

其后的中间试验、环境释放和生产性试验数据表明，转基因抗虫水稻高抗钻蛀性螟虫及稻纵卷叶螟等鳞翅目水稻害虫，抗性基因遗传稳定。种植抗虫转基因水稻可节省80%左右的农药投入，还能较施农药的对照增产6%～9%[①]。

① Huang J, Hu R, Rozelle S, et al. Insect-resistant GM rice in farmer fields: assessing productivity and health effects in China[J]. Science, 2005, 29: 688-690.

转基因抗虫水稻经历了长达11年的安全评价，评价内容和过程极其严苛，在国际同类评价中绝无仅有。内容主要包括食品安全性和环境安全性。食品安全性评价涉及营养学、毒理学和致敏性等。营养学评价包括主要成分（淀粉、蛋白质、脂肪、水分、灰分等，以及氨基酸和脂肪酸）、微量营养成分（矿物质、维生素）以及抗营养因子等；毒理学评价包括大鼠90天喂养试验、短期喂养试验、遗传毒性试验、三代繁殖试验和慢性毒性试验等；致敏性评价包括目的基因表达蛋白与已知致敏原的氨基酸序列同源性比较等。环境安全性评价包括转基因生物的生存竞争能力、基因漂移的生态风险、对非靶标生物和生物多样性的影响，以及靶标生物的抗性风险与治理等。2009年，转基因抗虫水稻通过了农业转基因生物安全委员会评审，专家委员会一致认为，“华恢1号”和“Bt汕优63”与非转基因水稻同样安全，消费者可以放心食用。

2009年11月13日，农业部农业转基因生物安全管理办公室负责人专程到武汉向华中农业大学颁发了“转*cry1Ab/cry1Ac*基因抗虫水稻华恢1号在湖北生产应用的安全证书”和“转*cry1Ab/cry1Ac*基因抗虫杂交稻组合 Bt 汕优 63 在湖北生产应用的安全证书”。这是中国首次颁发的转基因水稻的生产应用安全证书，有效期 5 年。在颁发安全证书的同时，农业部相关负责人强调，在获得安全证书之后，还需要通过转基因作物品种审定，获得生产许可证和经营许可证，方可进行商业化生产。然而，虽然研发方做出了极大的努力，但上述三个方面的审批未取得任何进展。在安全证书的有效期内，两个品系未能进行商业化生产。2014 年，华中农业大学向农业部提交了两个品系安全证书的续申请，后续申请中进一步充实了环境安全评价数据，增加了两代动物繁殖试验数据，进一步证实两个品系生产应用的安全性。2015 年 1 月，学校再次收到由农业部颁发的“转 *cry1Ab/cry1Ac* 基因抗虫水稻华恢 1 号在湖北省生产应用安全证书”和“转 *cry1Ab/cry1Ac* 基因抗虫水稻 Bt 汕优 63 在湖北省生产应用安全证书”，有效期 5 年。令人遗憾的是，时至今日，在长达十多年的徘徊之中，有关部门连转基因水稻品种如何审定的办法都未制定！

2018 年 1 月，美国食品药品监督管理局（FDA）网页上[①]公布了该局对华中农业大学提交的转基因抗虫水稻

① 参见：https://www.accessdata.fda.gov/scripts/fdcc/?set=Biocon.

"华恢1号"安全性和营养评价报告咨询的卷宗及相关信函。根据该函件的精神，美国FDA认同关于"华恢1号"的安全性评价的资料，认为"华恢1号"稻米无论是作为人类食品还是动物饲料在安全性、营养成分、抗营养因子等各种相关参数与原品种无实质差异。

美国转基因产品的入市主要受三个部门监管，即食品药品监督管理局（FDA）、国家环境保护署（EPA）以及农业部（USDA）。FDA主要负责上市前的食品安全咨询。EPA负责确定转基因产品中外源目标成分的允许残留限量以及接触允许残留限量。华中农业大学于2010年咨询了EPA，2013年EPA回信申明："华恢1号"所含的cry1Ab/cry1Ac蛋白适用《美国联邦环境保护法规》40 CFR 174.510法条中对cry1Ac的残留限量豁免。残留限量是指杀虫剂等在食品和饲料中允许的最大残留值，而残留限量豁免是指不需要设定最大残留值，即对"华恢1号"所含有Bt蛋白的残留限量豁免，不设最大残留量，并免于在EPA登记。USDA管理转基因作物在美国的种植。如果"华恢1号"水稻要到美国种植，则需要USDA的审批。

转基因抗虫水稻"华恢1号"通过了美国FDA和

EPA 的安全性审查程序，意味着“华恢 1 号”大米及其制品可以出口美国，向普通消费者直接销售。这也表明我国检测机构对“华恢 1 号”水稻进行的食用饲用安全评价以及营养评价的实验方法和数据，得到了美国相关机构的完全认可。

综上所述，转基因抗虫水稻是目前世界上安全评价项目和内容最多、审批程序最严格的转基因作物，具有坚实的安全性保障。在我国法律保护下，无论从知识产权、安全性、技术性，还是市场的层面评价，转基因抗虫水稻商业化生产的条件完全成熟。

现实的困境是，尽管“华恢 1 号”在中国获得了生产应用安全证书，FDA 认定在美国可以合法销售，但在世界上却没有地方可以合法生产。

三、症结何在？

转基因水稻在获得安全证书后，按已有的法律法规及国内外其他作物的先例应该会在 1～2 年内走完剩下的程序，投入市场。然而，10 年来，上市条件完全成熟的转基因水稻产业化的步伐却始终停滞。与产业化受冷相对应的是围绕着它的讨论乃至争议的热闹景象，且其热度持续上升。有关转基因水稻及其相关话题的争议，早已超过了科学和技术本身的范畴，涉及文化、体制、公众、心理以及公众对政府的信任等诸多方面。

在这个过程中，我们看到了一个境外组织——绿色和平（Greenpeace）组织在制造混乱局面中发挥了关键作用。虽然绿色和平组织在中国没有注册，仅1997年在香港设立了办事处，但该组织却能以其高超的技巧和极强的能力，以转基因水稻产业化为主要靶点，操作媒体混淆视听，挑起事端，抹黑科学家，攻击政府，成功地阻碍了中国转基因技术研发和产业化的进程。

1. 绿色和平组织的阻碍

20世纪90年代后期，转基因农作物研发在我国如火如荼。1997年，农业部成立了“农业转基因生物安全委员会”，根据《农业生物基因工程安全管理实施办法》，批准了我国自主培育的转基因抗虫棉等转基因作物的商业化生产。为加强研发力度，1999年国务院批准启动了国家转基因植物研究与产业化专项。几年间，一大批国产抗虫棉新品种大面积应用，有效地控制了长期困扰我国棉花生产的棉铃虫危害。在大幅度减少农药用量的同时，增加了棉花产量，提高了农民收入①。国产抗虫棉因此成为“九五”期间我国农业生物技术领域的标志性成果。科技界、政府及全社会对农业生物技术的前景热切期待，一致充满信心地认为，转基因技术将为我国农业发展插上科技的翅膀。

然而，绿色和平组织却不是这样认为的。转基因抗虫棉重大成果却成了绿色和平组织破坏我国农业生物技术的起点。2002 年 6 月 3 日，绿色和平组织在北京主持召开研讨会，不顾科学事实，指责“中国抗虫棉破坏环境”②，引发了国际上对转基因作物的新一波争论。在我国，这场争论意义非凡，是我国关于转基因争论的起始点。

随着我国转基因抗虫水稻成为新的亮点，展示出更加巨大的前景，绿色和平组织将攻击的目标转向了转基因水稻。2004 年 4 月，绿色和平组织在中国法院国际互联网站发布所谓的“国内首份避免转基因食品指南”③，开始在中国攻击转基因食品，误导消费者。2004 年 10 月，

① 黄季焜，胡瑞法，陈瑞剑，等 . 转基因生物技术的经济影响——中国 Bt 抗虫棉 10 年 [M]. 北京：科学出版社，2010.

② 参见：http://www.china.com.cn/chinese/huanjing/167023.htm.

③ 参见：https://www.chinacourt.org/article/detail/2004/04/id/113742.shtml.

绿色和平组织在昆明组织所谓“稻米之路——云南生态农业巡游”①，反对转基因水稻的应用，他们制作张开双臂的“稻草人”，示意阻止和驱赶转基因大米。2004 年 12 月，绿色和平组织在《南方周末》上，借“生物安全”之名，全盘否定转基因水稻和一切转基因食品，还制造出“转基因科学家有私利”的话题②，据此对从事农业生物技术的科学家进行人身攻击，诋毁科学家的名誉和研究成果，诱导广大民众怀疑和抵制转基因产品。该组织在网络上散布流言，咒骂科学家，甚至宣扬网上公民投票，并发表“致农业部官员的公开信”，对我国政府施加压力，造成了很坏的影响，使公众对政府和科学的信任度降低。2005 年 6 月 13 日，该组织又在广州召开新闻发布会说广东市场发现转基因稻米，毫无根据地说转基因稻米会威胁消费者的健康和生态环境③。

十几年来，绿色和平组织不断制造事端，炒作舆论，对政府施压，此类行动不胜枚举。其结果，如今的中国，关于转基因水稻吵闹汹涌，口水横流，人们“谈转色变”，社会认知混乱至极。

---

① 参见：http://it.sohu.com/20041021/n222610581.shtml.

② 参见：http://www.people.com.cn/GB/news/37454/37461/3043425.html.

③ 参见：http://wenku.baidu.com/view/2a87a4130b4e767f5acfced5.html.

绿色和平组织不仅会制造舆论，操作媒体，而且在对我国抗虫转基因水稻的破坏中还是“实干家”。2005年4月13日，他们在北京召开新闻发布会，宣称对在武汉附近采集的19份种子、稻谷等样品送到德国“权威机构”进行检测的“结果”表明，中国市场发现转基因稻米，并将这些“结果”放在《纽约时报》、英国广播公司（BBC）等国际媒体上大肆炒作。然而，这个新闻背后潜藏着许多问题却未被追究：我国对种质资源和种子进出口有严格规定，涉及转基因种子这样的敏感材料，是谁批准该组织拥有出口的权利？欧洲对转基因种子的进出口的管理更为严格，他们把种子弄到德国，是谁批准的？这些他们毫不认为是问题，反而先告状，倒打一耙在《南方周末》发表长篇文章攻击转基因水稻及其研发单位和科学家，指责国家的管理能力。令人奇怪的是，他们自己公布的违法事实，我国有关部门为什么没有追究？

一年以后，绿色和平组织宣称的“采集”和“检测”被学术期刊坐实。2006年《欧洲食品研究与技术》刊登德国 D. Mäde 等人关于转基因抗虫稻检测技术的文章[①]，

① Mäde D, Degner C, Grohmann L. Detection of genetically modified rice: a construct-specific real-time PCR method based on DNA sequences from transgenic Bt rice[J]. European Food Research and Technology, 2006, 224: 271-278.

称其Bt水稻样品来自绿色和平组织在湖北省松滋市所获得的种子，并将该检测技术用于欧洲食品进口的检测，最终成为欧盟针对我国出口米制品的特异性检测方法和阳性对照。该文在致谢中还提到，该研究的水稻样品由英国埃克塞特大学（University of Exeter）提供。而2009年在同一杂志上发表的论文则表明，德国、奥地利、瑞士3个国家17个实验室，联合研发针对转基因水稻“Bt汕优63”的DNA抽提及实时PCR技术[①]。由此可见，在对付中国的抗虫水稻背后有国外多家机构的联合行动。

果然，绿色和平组织的系列活动对我国的外贸产生了不良影响。在过去的十几年中，我国相关部门多次收到欧盟方面的照会，告知在我国出口的稻米制品中检测到“Bt汕优63”的转基因，导致我国稻米制品出口贸易受阻。

更有甚者，2014年4月11日晚，绿色和平组织2名工作人员潜入华中农业大学位于海南陵水的南繁基地，采集3包水稻叶片和种子，被那里的老师和学生当场抓获，扭送到当地派出所。被盗的两种材料是华中农业大学十多位老师和数以百计的学生，在863计划、转基

① Grohmann L, Mäde D. Detection of genetically modified rice: collaborative validation study of a construct-specific real-time PCR method for detection of transgenic Bt rice[J]. European Food Research and Technology, 2009, 228: 497-500.

因重大专项等诸多重大科研项目的支持下，经过长达十余年努力的研发成果。事发之后，农业部高度重视，于2014年4月23日以农业部办公厅文件通报了这起事件，并要求各单位加强防范，提高警惕，严防转基因材料遗失和被人恶意扩散，避免我国科研核心机密和种质资源被窃取，给国家造成不可挽回的损失。

而今我们不得不万般无奈地承认，在破坏中国的转基因作物研发和产业化方面，绿色和平组织胜利了。他们以很小的投入，取得了巨大的成功，成功地使我们举国之力几十年的共同努力付之东流！

2. 主管部门决策的迟滞与犹豫

绿色和平组织何以能如此成功？笔者认为：我国有关部门在决策中一误再误是主要原因。决策的延误，给绿色和平组织以可乘之隙，并让他们趁机扩大战果，引发全面混乱，最终使中国转基因作物丧失了发展机遇。

应该强调，我国已建立了关于转基因研发和产业化的完整法规体系[①]。从20世纪90年代初开始，在政府部

① 农业部农业转基因生物安全管理办公室．农业转基因生物安全管理法规汇编 [M]. 北京：中国农业出版社，2005.

门和大量科学家的共同努力下，我国相继制定了一系列的管理条例和办法。这些管理条例和办法参照世界主要国家生物安全管理文件，形成了行政法规和技术标准相结合的生物安全管理模式。1993年，当时的国家科学技术委员会颁布了《基因工程安全管理办法》。1996年，农业部颁布了《农业生物基因工程安全管理实施办法》，根据该办法，农业部设立了农业转基因生物安全管理办公室，成立了农业转基因生物安全委员会，建立了农业生物基因工作审批制度，制定了《农业基因工程的安全性评价方法》和《农业生物遗传工程体及其产品安全评价措施》。从1997年起，我国开始依法受理国内外农业转基因生物安全评价申请。2001年，国务院颁布了《农业转基因生物安全管理条例》，将我国转基因生物的安全管理上升成了国家法规。农业部、国家质量监督检验检疫总局等就此出台了系列配套管理办法，相继出台了农业转基因生物分级安全评价制度、标识管理制度、生产许可制度、经营许可制度、加工审批制度、进口安全审批制度等，将农业转基因生物安全管理延伸到研究、试验、生产、加工、经营和进出口活动的全过程。与世界上其他国家相比，我国的法规层级最高，权威性强，覆盖面宽，配套的条例具体，可操作性好。这一整套既与国际接轨又具中国特色的农业转基因生物安全管理法规及技术支撑体系，对农业转基因生物安全管理发挥了重要保障作用。

按照条例规定，农业转基因生物安全性评价、安全证书的颁发、生产许可证、经营许可证都归农业行政部门管理。根据国务院条例及农业部出台的配套办法，无论是研发单位还是行业专家，当年都预期转基因抗虫稻“华恢 1 号”最晚可在 2005 年实现商业化生产。然而，研发方提交的申请在安全性评价过程中不断遭遇以口头形式提出的各种新要求，一次又一次迟滞了农业转基因生物安全委员会的讨论。直至 2009 年 9 月，安全证书终得以颁发，但同时还面临着更多的审批程序。多年来，主管部门发出种种与科学无关、自相矛盾的说法，例如“一方面技术成熟，另一方面形势复杂”，“积极研究，慎重推广”，“非食用—间接食用—食用三部曲”，什么“主粮”等，严重阻碍了我国转基因作物的发展与推广。

近十几年中，中国科学院和中国工程院两院联合有关部门，多次组织包括逾百位院士和专家就我国转基因作物的发展向国家提交了咨询报告，分析了国内外形势和发展趋势，指出我国所面临的重大机遇和当前的困境，提出了政府应采取的政策和对策建议，希望排除干扰，采取得力措施，积极推进我国转基因作物的研发与产业化发展。但收效甚微，时至今日，仍毫无进展。

其结果，自1999年以来除木瓜外没有批准新的转基因作物商品化生产；已经发放安全证书的转基因水稻和转基因玉米迟迟不能进入产业化程序，成果转化工作停滞不前，续发的证书也在2019年底失效。具有广阔的产业前景、巨大的潜在生态环境和经济效益且深受农民欢迎的转基因作物新品种不能造福社会，导致了研究成果的闲置和浪费，科研人员积极性受到压抑，致使我国在该领域的国际领先优势在犹疑中逐渐丧失。虽然2016年4月农业部以新闻发布会的形式，确认要“推进新型转基因抗虫棉、抗虫玉米等重大产品的产业化进程”，但如今“十三五”已进入收官阶段，却未见实质性的推进，业界对抗虫玉米等转基因新产品的产业化按期落地持悲观态度，转基因水稻产业化更是无从谈起。举全国之力，历时十余年，投资100多亿元人民币的国家转基因生物新品种培育重大科技专项将面临无果而终的严重局面。

四、关于破局之策的建议

从以上分析我们不难看出，转基因水稻产业化所遭遇的困境，说到底是依法行政的问题。是以科学证据为依据在现有法律框架下全力推进产业化，还是在外部势力的干扰下为民粹裹挟而踟蹰不前，这是时代交给主管部门的必答题。

以习近平同志为核心的党中央一贯十分重视全面依法治国。在中央全面依法治国委员会第二次会议上，习近平总书记强调，“改革开放 40 年的经验告诉我们，做好改革发展稳定各项工作离不开法治，改革开放越深入越要强调法治”①。

要想突破困局，唯有依法管理。在当前转基因生物安全管理和产业化过程中，遵守法律，依法推进是各方最大的共识。根据相关法规规定，农业转基因生物安全管理办公室对研发单位提交的申请应按程序及时组织农业转基因生物安全委员会做安全评价，评价通过后，由国务院农业行政主管部门做出批复，并推进品种审批和生产经营。在农业转基因生物研发、安全评价和产业化

① 习近平主持召开中央全面依法治国委员会第二次会议 [DB/OL]. http://www.xinhuanet.com/politics/leaders/2019-02/25/c_1124161654.htm[2019-02-25].

审批的过程中，行政主管部门应以发展为第一要务，敢于担当，严格按照相关法规，在法定职权范围内，充分行使转基因生物安全管理的行政职能，不“踢球”、不推诿，做到权责一致、及时科学决策、执行顺畅、监督有力，积极推进我国转基因作物研发和产业化。还应对不作为的部门和负责人，依法予以追究。

莫畏浮云遮望眼，长风破浪会有时。发展的问题只能用发展去解决，只有通过发展，才能打破困境。只有产业化，给转基因作物以自我证实和市场表现的机会，才能消除纷繁芜杂的各种杂音，而不是也不可能等待杂音消退再去推进产业化。我们相信，转基因作物产业化的发展，不仅可克服作物改良的技术瓶颈，还将突破目前所面临的各种负面环境，为我国乃至世界农业的发展开创全新的局面。众声喧哗浮云遮目时刻，不妨把视野放到整个农业文明发展的历史维度，站在全球科技竞争、粮食安全和未来人类可持续发展的战略高度，答案是不言而喻的。

第三节　转基因科普是场持久战
——陈晓亚院士①述评

一、转基因领域的研究与应用概况

转基因技术是20世纪发展最快的生物技术之一。1983年首例转基因烟草问世，2017年世界转基因作物种植面积达1.89亿公顷，在提高农业生产效率、增加粮食产量、改善生态环境等方面发挥出巨大的作用。

迄今转基因作物中应用最广泛的依然是抗虫基因（如*Bt*基因）和耐除草剂基因（如*EPSPS*基因），以及二者的结合；这些转基因植物的主要特征为抗鳞翅目等害虫和耐受草甘膦等除草剂。Bt是苏云金芽孢杆菌（*Bacillus thuringiensis*）的英文缩写，这是一种能产生伴

① 陈晓亚，中国科学院分子植物卓越创新中心/植物生理生态研究所研究员，中国植物生理与植物分子生物学学会理事长。2005年当选为中国科学院院士，2008年当选为发展中国家科学院院士。主要从事植物次生代谢、抗虫新技术、棉花生物学研究，在植物次生代谢（特别是倍半萜生物合成）、棉纤维发育和植物抗虫新技术等方面取得了重要成果。克隆鉴定了棉酚合成途径的一系列酶和调控因子，解析了青蒿素等倍半萜成分合成调控机制；鉴定了棉纤维发育过程中的关键转录调控因子和细胞壁伸展蛋白，为阐明棉纤维和表皮毛发育的分子机制做出了重要贡献；利用棉铃虫防御基因，发展了植物介导的RNA干扰抗虫新技术，推动了相关生物技术的发展。

孢晶体和芽孢的革兰氏阳性细菌，而伴孢晶体对鳞翅目昆虫具有很强的、专一的毒性，但对于人和其他动物并无影响，这源于鳞翅目昆虫消化系统的特殊性。自20世纪50年代以来，Bt细菌是农田应用最广泛的微生物杀虫剂，伴孢晶体分解的蛋白质毒素会破坏害虫的消化道，从而抑制害虫生长。1981年，科学家首次成功克隆了第一个编码Bt杀虫晶体蛋白（*Cry*）基因。将Bt的*Cry*基因转入棉花中表达，棉花就具备了抗虫的效果，这就是Bt转基因抗虫棉。

1988年，美国孟山都公司获得转基因棉花，美国成为世界上首个拥有Bt转基因抗虫棉的国家。1991年，中国将转基因抗虫棉项目列入863计划。1992年，棉铃虫在中国造成直接经济损失60多亿元，间接损失超过100亿元，棉农施药中毒事件时有发生。同年，中国科学家成功将*Bt*基因导入棉花，研制出Bt转基因抗虫棉。1997年，我国批准转基因抗虫棉生产并开始推广种植，棉铃虫的危害逐年减轻，同时相邻作物的虫害也有所缓解。“十一五”时期以来，我国国产抗虫棉种植面积占全国抗虫棉种植面积的95%以上。种植Bt转基因作物可以大大减少化学农药的使用，显著减轻了由农药残留造成的对环境和人类健康的危害，也增加了作物生产的效益和农民的收入。

耐除草剂作物是目前世界上种植面积最大的一类转基因植物，其中以广谱、无土壤残留且廉价的草甘膦为目标创制出的耐除草剂作物占绝对优势。草甘膦特异地抑制 5- 烯醇式丙酮酰莽草酸 -3- 磷酸合酶（EPSPS）的活性，由此阻断苯丙氨酸的合成。在作物中转入对草甘膦耐受性强的 *EPSPS* 基因，或者提高 *EPSPS* 表达量，可以增强作物对草甘膦的耐受性。通过喷洒除草剂，可以抑制田间杂草生长而不影响转基因作物的生长，既节约劳动力，减少水土流失，又提高农业生产效率。苯丙氨酸是必需氨基酸，人和动物不能合成，也没有 *EPSPS* 基因。

转基因是一种现代品种改良技术，只有与常规育种和栽培技术相结合，才能更好地发挥作用。同时具有抗虫、抗病、耐除草剂、高产、抗旱、优质等性状的复合性状是未来作物的发展趋势。耐除草剂和抗虫是转基因作物最重要的改良性状，一些将抗虫与耐除草剂性状叠加在一起的转基因作物已经在世界范围内应用。例如，新型玉米 SmartStax™包含了 8 种不同的抗虫与耐除草剂基因，具有三种性状，包括两种抗虫性（一种抗地上害虫，一种抗地下害虫）和耐除草剂性。

近年来，国际上植物转基因研究取得了诸多重要进展。比如，利用RNA干扰技术控制虫害，自2007年在*Nature Biotechnology*发表以来，已经发展为一个热点。与传统抗虫蛋白转基因相比，这一技术更具选择性和安全性。美国国家环境保护署2017年6月15日批准了以RNA干扰为基础的转基因抗虫玉米（靶标害虫是玉米根虫），用于商业化生产。另外，采用转基因技术增加植物体内海藻糖合成，或通过外源海藻糖处理，可增强植物对低温、干旱、盐害等非生物胁迫与病害、虫害等生物胁迫的耐受性；相关转*TPP*（海藻糖-6-磷酸磷酯酶）基因的抗旱玉米正在培育。除了四大作物（玉米、大豆、棉花和油菜），转基因作物范围也有所扩大，如苜蓿、甜菜、木瓜、南瓜、茄子、马铃薯和苹果等。迄今已批准种植上市的转基因作物包括低木质素的苜蓿（美国、加拿大）、防褐变的Arctic® 苹果（美国）、富含花青素的菠萝（哥斯达黎加），以及具有防挫伤、防褐变、丙烯酰胺较少、抗晚疫病的多种复合型优良性状的Innate® 土豆（美国）等。我国大规模种植的转基因农作物只有抗虫棉，多种具有重要农业性状的转基因作物已获得了转基因安全证书，如抗虫水稻、植酸酶玉米、耐除草剂棉花、耐除草剂大豆等，但尚未进入品种审定，还没有商业化生产种植。

任何一项新技术都有“利”、“弊”两面性，需要采取既积极又审慎的态度。我国转基因作物商业化采取“非食用—间接食用—直接食用”循序化推进策略，首先发展棉花等非食用的经济作物，然后是大豆、玉米、油菜等饲料作物和加工原料作物。转基因作物育种是现代农业生物工程的一个重要手段，国际上许多国家都在大力研究、开发和推广转基因技术。我国要发展具有自主知识产权的转基因技术和农产品开发，抢占科学技术的制高点，研究新技术，储备新品种，缩小与发达国家的差距。

转基因植物的种植和应用在全球范围内已是大势所趋。转基因作物的研发和商业化生产，对粮食安全和环境可持续发展做出了巨大贡献，在全世界产生了巨大的经济和社会效益。根据国际农业生物技术应用服务组织（ISAAA）统计，2017 年世界转基因作物种植面积达 1.898 亿公顷（合 28.47 亿亩），比上年增加 470 万公顷。美国种植面积最大，达 7500 万公顷；中国为 280 万公顷，位于美国、巴西、阿根廷、加拿大、印度、巴拉圭、巴基斯坦之后，仅排名第八位。大多数主要农作物生产国都大面积种植转基因作物，我国也应加快推进转基因玉米和转基因大豆的研究与产业化，同时稳固转基因抗虫棉的种植，研制新一代高产高品质转基因抗虫棉。

二、有关转基因研究与应用面临的伦理、法律和社会问题

关于转基因的伦理问题，2011 年中国科学院学部科学道德建设委员会组织了转基因作物伦理研讨会。2012 年，中国科学院学部主席团发出了《关于负责任的转基因技术研发行为的倡议》。2016 年 12 月 1 日，国家卫生和计划生育委员会颁布了第 11 号令《涉及人的生物医学研究伦理审查办法》。其实，转基因植物较少涉及伦理问题，更多地涉及法规、知识产权、食品安全和生态安全问题。伦理问题主要存在于实验过程中，尤其是涉及人的实验。例如，2012 年通报的“黄金大米”事件，湖南省衡南县江口镇中心小学 25 名儿童食用的“黄金大米”因未按规定向国内相关机构申报，违反了国务院《农业转基因生物安全管理条例》有关规定，存在学术不端行为。问题的本质并不是转基因大米本身是否安全，而是

实验不符合规程，不能因此就否定“黄金大米”。由于实验涉及人，中国疾病预防控制中心、浙江省医学科学院和湖南省疾病预防控制中心表示“进一步加强科研项目过程监管，完善内部规章制度，加强法律法规、科研诚信、职业道德和医学伦理教育”。其中的伦理问题不是转基因植物特有的，而是科学实验的伦理道德问题。

转基因食品在上市前，都要经过非常严格的安全评估，包括生态学、环境学、营养学、毒理学、致敏性等，其中又以毒理学评价最为重要。对于转基因抗虫作物，研究者选择一个特定基因，其产物（而不是基因本身）对某一类昆虫的生长有明显的抑制效果，但对人及其他动物无害。由此培育的转基因植物还要通过上述各种实验证明是否安全。与普通食物一样，转基因食物同样会被人体消化系统分解吸收，转基因植物表达的蛋白质会被分解成人体所需的 21 种氨基酸，淀粉会变成葡萄糖，脂肪会分解为脂肪酸和甘油，而所有的基因会被分解为生物界通用的 4 种核苷酸。数千年来，还没有一个例子显示，食品可以作为遗传物质的载体将外来基因整合到人体中去。但转基因研究打破了自然界物种的界限，由此促使我们进行伦理思考，例如：是不是有些来源的基因不应该应用于食品生产？

对于转基因涉及的法律问题，目前我国转基因相关法律规定散见于国务院颁布的行政法规中，农业部、卫生部以及国家科学技术委员会颁布的部门规章之中，涉及生态环境保护、农林畜产品管理、食品药品卫生管理、进入品检验检疫、实验活动管理等。早在 1993 年，我国就颁布了《基因工程安全管理办法》，为我国转基因生物安全管理提供了基本框架。2001 年，国务院又颁布了《农业转基因生物安全管理条例》，使我国对转基因生物的安全管理更加完善具体。该条例对农业转基因生物研究与试验、生产与加工、进口与出口、经营、监督检查、法律责任等都做了详尽的规定。为了更好地落实相关的具体制度，从 2002 年 3 月起，农业部又相继颁布了相关配套规章制度，并不断完善。可以说，我国已经初步建立了转基因作物安全评价制度、进口许可制度、标识管理制度和加工审批制度，为转基因生物的大规模推广应用奠定了良好基础。

相应的社会问题主要来源于公众的关切。政府不能忽视其对环境和生态平衡的影响以及社会公众对转基因技术安全性的质疑，应当正视相应的伦理、法律和社会问题，加快转基因研究中主要安全性评价和管理体系的完善，加强对社会公众的科学普及，让公众都知道相关常识性的问题，让公众能有分辨能力，这样有利于转基因研究的健康发展。另一个值得注意的问题是反转基因带来的对经济的阻碍。国际农业生物技术应用服务组织（ISAAA）发布的《2018年全球生物技术/转基因作物商业化发展态势》报告中指出：过去21年间，转基因作物为全球1600万～1700万名农民带来了6.576亿吨作物增产，以及1861亿美元的经济收益，其中95%的农民来自发展中国家。同时在此期间节约1.83亿公顷土地，仅2016年就节约了2250万公顷土地，保护了生物多样性。受各个国家苛刻的法规的影响，包括“黄金大米”、Bt转基因茄子、菜豆金色花叶病毒抗性豆和非洲的耐旱-抗虫复合性状玉米在内的收益都得不到实现。报告提到，反对转基因的言行为那些最贫穷的国家的发展设置了充足的障碍，这是一种道德灾难。公众应该理性对待各类转基因事件。动物、植物、微生物的基因组中，原本就有大量的同源基因。自然界里，农杆菌不需要人类的技术就能把基因转移到植物体内，是一个天然的“遗传工程师”，因此转基因植物早已自然存在。

三、关于我国转基因技术发展与应用过程中遇到的一系列困境

1. 关于转基因主粮、“黄金大米”等转基因争议

关于转基因的争议要从科学技术、国家发展和人民健康的角度去看，不应该往其他的事情上生拉硬扯。“黄金大米”本身是好项目，使用也是安全的。发展具有特殊营养品质的农作物是满足人民健康需求的善事，转基因是可以利用的技术，但也不是唯一的技术。培育高营养价值、特殊营养品质的农产品，重视食物多样性等，都是有效途径。世界上主要的农业大国都是接受转基因作物的，种植转基因作物排在前几位的都是农业发达国家。农业越是发达，接受程度也越高。接受程度最高、最快的是美洲国家，如美国、加拿大、巴西、阿根廷、墨西哥等。2018 年 1 月 20 日，由华中农业大学研发的中国 Bt 转基因水稻“华恢 1 号”正式获得美国 FDA 的食用许可，认为“华恢 1 号”水稻无论是作为人类食品还是动物饲料，在安全性、营养成分、抗营养因子等各种相关参数上与原品种无实质差异。这是首次由中国境内研发单位培育的转基因主粮产品在境外获得商业化许可，

可能对我国转基因主粮产业化的推进具有积极影响。

中国社会整体的信息传播体系似乎不利于转基因技术或相关问题的建设性对话或互动。虽然中国科学家在政府资金的大力支持下从植物的基础研究到转基因作物育种上取得了巨大的成就，但大多数研究机构以科研为主而缺乏公关能力，导致其处理公众疑虑及反转组织和个体言论的能力不足。研究机构内部很少设立科学交流和传播部门，导致科学界对转基因主粮、“黄金大米”等转基因相关争议事件的回应迟缓，引发一系列负面效应。与西方国家相比，中国科学界习惯于宣传科研成果，但在知识科普方面还欠缺经验和热情。加之很多专业的媒体人士通常都没有科研背景，科学思维的训练有待提升，也缺乏处理科学问题的能力，大多数都不能辨别主流的科学结论与一些引起误导的说法，这些都是造成相关争议的原因。

2. 困扰我国转基因技术快速推进发展的因素

目前，对于中国来说，大规模种植的转基因作物只有棉花一种，但在全球范围内转基因植物的种植和应用已经势不可当。十多年来，中国人对待转基因作物的态度虽然说不上热情但也算是正面地接受，至少对于少施农药、增加纤维产量和节省劳动力的转基因抗虫棉是如此。一方面，随机调查的大部分人群仍然支持农业生物技术，但现在的公众舆论却表现出了反转基因的态度。另一方面，尽管没有明确的证据表明某些人对转基因的强烈抵制改变了决策者对待转基因的态度，但公众舆论还是会影响政策的倾向性。

我国是一个人口大国，对粮食的需求量一直在增加，解决吃饭问题始终是头等大事。在工业化、城镇化的快速发展过程中，要突破耕地、水等资源约束，保障国家粮食安全和农产品长期有效供应，归根结底要靠科技创新和应用。推进转基因技术研究与应用，是着眼于未来国际竞争和产业分工的重大发展战略，是确保国家粮食安全的必然要求和重要途径。只有通过了严格安全性评价的转基因生物才能获得生物安全证书，以此为基础，才能讨论是否推广种植。我国每年进口大量的转基因玉米、大豆，但相关品种的培育滞后，需要积极推进。一是要自己有过硬的技术、过硬的品种与产品。需要发挥企业的力量，让企业建立自己强大的科研队伍和研发平台。激发企业将农业和植物生物技术研究成果商业化的动力。二是强化监管体系。转基因生物监管体系建设虽然已经取得了很大的进展，但仍需加强。不仅需要对科研和研发的过程进行严格管理，更需要重视对商品化种植的管理。三是转变公众对转基因的态度。尽管没有明确的证据表明一部分人对转基因的强烈抵制改变了决策者对待转基因的态度，但公众舆论还是会影响政策的倾向性，因此应转变公众对转基因的态度。四是完善转基因产品产业化准入机制。我国每年在植物转基因基础研究中投入大量人力、物力和财力。虽然有一些可喜的成果，但实际运用的却很少，原因之一是转基因产品产业化准入机制还不够完善，因此应大力对其进行完善。

3. 政府、科学家、社会团体、转基因企业等在转基因科学普及中的角色与作用

转基因科普是场“持久战”，应建立有效可信的科技传播平台。由政府引导，向公众传递权威与详细的转基因安全与评价资讯。科学家、社会团体、转基因企业等积极参与，把转基因科普放在与转基因研究同等重要的地位，积极开展科普活动，解答公众关心的转基因疑问。对每一项新的科学发现或新技术的发展来说，遇到一些

质疑是正常的，科学家在推动新技术的发展与部分公众的质疑之间，需要的是高度的重视、冷静的思考、审慎的判断和耐心的解释，并努力追求真理，努力造福人类。

科学家应该与公众和媒体进行更加积极和有计划的互动并认真倾听公众的声音和提出的问题，促进公众对转基因的认识和了解。新闻媒体对于转基因生物的报道花样百出使得公众难以看清事实。媒体人在进行转基因相关报告时应秉承科学的态度，承担其应尽的社会责任，避免为吸引眼球而进行的夸张或虚假报道。

科学家还应该更加频繁地与其他领域的专家接触和交流。有关转基因生物的问题是基于科学的问题但又超出了科学的范畴，在中国与转基因生物相关的机构应当是透明廉洁和有公信力的，无论何时只要科学家能够影响决策者，他们就应该说出来并且说服后者提高领域内的监管能力。

4. 关于加快推进我国转基因领域的科学普及工作的建议

首先，需要加大科学传播力度、健全科技传播的体制机制、建立有效可信的科技传播平台，这对提升公众对转基因技术的认知与接受程度、推动科学技术的健康发展具有重要意义。科普工作需要政府、社会团队、科学家、媒体之间的通力合作，政府需要给公众更多的正面回应，面对出现的各种谣言，政府能及时做出正式和科学的回应十分关键。关于公众对转基因作物的认知，需要从根本上提高全民科学素养，在进行科普工作的过程中，除了让公众了解什么是转基因以外，更重要的是传播科学精神，培养公众的科学思维。在整个社会形成讲科学、讲事实、讲理性、讲诚信的风气。

其次，从制度上大力调动科学家参与科普的积极性。比如在职称晋升、项目结题、评优评先进时等，承认科普文章、科普读物的地位。这样或许能鼓励更多的科学家投入科普工作中，深入浅出地把严谨晦涩的学术论文转化成科普读物，甚至于利用新媒体（如公众号）等途径，使相关的科普文章可以被多次转发、关注，扩大受众范围。

最后，转基因科普要从青少年抓起。可以定期举办学校生物教师培训，让教育一线的教师先了解转基因相关前沿进展，这样他们再对孩子们传道授业解惑。另外，也可以组织科学家科普校园行等活动。通过影响一个孩子从而影响整个家庭。

（访谈记录、整理：袁梦飞博士，中国科学院科技战略咨询研究院；王凌健副研究员，中国科学院分子植物科学卓越创新中心/植物生理生态研究所）

第四节 保障粮食安全需要发展转基因技术

——张春义研究员①、范云六院士②述评

我国是一个农业大国，底子薄，社会生产力不发达，乡村常住人口5.7亿，占总人口比重的41%，还有近2.5亿流动人口，仍处于社会主义初级阶段，人口多耕地少的矛盾异常突出，这个矛盾还将随着人口增长和工业的发展而更加尖锐。

我国农业一向有精耕细作的优良传统，从传统技术

① 张春义，中国农业科学院作物科学研究所研究员、副所长，海南省农业科学院副院长（挂职），全国农业科研杰出人才，百千万人才工程国家级人选，国家级有突出贡献中青年专家，国务院政府特殊津贴专家。长期从事植物微量营养素代谢与调控机理研究。带领中国作物营养强化项目（HarvestPlus-China）团队为保障中国人群营养安全做出了积极贡献，产生了广泛社会影响。先后主持973计划项目、国家转基因重大科技专项、国家自然科学基金重大项目等多项科研项目，以第二完成人获国家科学技术进步奖二等奖1项，发表SCI文章40余篇。获全国优秀科普作品奖1项，国家授权专利7项，主编、参编专著4部。

② 范云六，中国农业科学院生物技术研究所研究员，曾任农业部科技委员会委员和生物技术顾问、中国农业生物技术学会副理事长、国际水稻遗传工程委员会委员、中国农学会常务理事、《中国农业科技导报》主编、国家生物产业发展专家咨询委员会副主任等职务。1997年当选为中国工程院院士，是我国转基因棉花、水稻以及植酸酶玉米的引领者。作为国家农业基因工程的学科带头人，于20世纪80年代初在中国农业科学院创建了分子生物学实验室，率领团队分离、合成了抗棉铃虫Bt基因和蝎毒基因，为培育抗虫棉新品种奠定了基础；从真菌里克隆出植酸酶基因，成功将植酸酶基因转入玉米并获得稳定遗传的转基因玉米纯合体，为进一步产业化打下了基础。

的角度看，农业已达到相当高的水平。尤其是近代农业以“石化”为主的“工业式农业”发展方式，虽然农业劳动生产率和土地生产率比传统有成倍、成10倍地提高，但长期以来也严重损害土地的自然肥力，导致农业资源的破坏和生态环境恶化。当前，我国农业发展面临的挑战突出表现在种植业生产上，粮食徘徊不前，棉花出现滑坡，油料开始减产。自然资源相对不足、分布不均、利用不充分是影响农业持续发展的重要问题。农业的物质和技术基础脆弱，农业科学技术和管理水平与发达国家存在较大的差距，依靠消耗大量资源来发展农业经济的方式，使得我国社会劳动生产率水平较低。如果没有科学技术上的新突破，农业生产很难获得大幅度增长，很难再上一个新台阶。

十八大以来，习近平总书记高度重视粮食问题，他强调：“中国人的饭碗任何时候都要牢牢端在自己手上。我们的饭碗应该主要装中国粮。”① 农业生产不能竭泽而渔，农业要振兴，就要插上科技的翅膀。基于我国现有的农业国情，要保障粮食安全，促进传统农业向现

① 习近平：饭碗要端在自己手里 [DB/OL]. http://www.xinhuanet.com/politics/2015-08/25/c_128164006.htm[2015-08-25].

代农业转变，发展农业生物技术至关重要，甚至是决定性的。

以转基因技术为核心的生物技术是一门新兴的、综合性的学科。它以现代生命科学的发展为基础，能够按照预先的设计改造生物体（包括植物、动物和微生物），为人类生产出所需的产品（如粮食、医药、食品、能源、化工原料等），可以实现传统技术手段的更新，加快农业生产方式的转变，提高农业生产效率。农业生物技术本身属高技术领域，是一个涉及上中下游的系统工程，是常规育种技术的重要发展和补充，对农业科技发展方向具有强烈的引导作用。

一、国内外转基因领域研究和产业发展概况

我国从 2008 年就开始启动国家转基因生物育种重大专项，专项的实施到现在已有 10 多年，国家整体投入 200 多亿元。在转基因的科研方面，我国研究已取得不错的成果，主要体现在以下两个方面。一是研发性状越来越丰富。包括：①产量相关性状，如抗病、抗虫、抗非生物逆境（冷热盐碱）相关性状。②水肥高效利用相关性状，从而节约农药、化肥的投入。③品质营养改良相

关性状，如武汉大学杨代常教授研发出能表达“人血清白蛋白”的转基因水稻。二是我国转基因领域整体研究水平不断提升，越来越多的科研成果刊登在国际顶尖杂志《Nature》《Science》上，同时吸引了大量高层次科技人才回归祖国，投身到我国的生物技术研发领域。

国际上转基因技术的研究成果主要出自企业。科研院所，尤其是高等院校中的转基因研究大部分都不以应用为目的。国外的跨国公司在研发上的投入非常大，国内的企业研发投入这些年也在增加，但跟国外相比，总体研发投入仍严重不足，整体研发水平还不够。因此，国内企业成为研发的主体，这个周期是相当长的，目前可能实现的方式就是科研院所与企业联合研发。

从产业化上来讲，美国从 1996 年开始就实现了大规模的转基因作物的种植。1996～2017 年，美国转基因作物种植面积发展非常迅速，增加了 100 多倍。近几年，转基因作物的推广速度在发展中国家要明显高于发达国家，主要是因为巴西、阿根廷这两个发展中国家的贡献最大。2000 年初，中国在转基因作物的种植面积上，在全球范围内排在第四位。之后，巴西、阿根廷、加拿大甚至印度都追赶上来了。目前，中国转基因作物种植面积位列全球十几名。事实上，中国除了转基因棉花和木瓜以外，其他的都没有批准商业化。

二、转基因研究与应用面临的伦理、法律和社会问题

谈到转基因研究涉及伦理问题，更多是与动物研究有关，特别是医学上与转基因技术有关的问题。对于植物方面的研究，通常情况下并不涉及伦理问题。除了一些极端人士，可能认为转基因改变了一个物种。关于转基因的法律问题，在中国主要还是监管问题。农业农村部曾批准实施了中国第一部转基因相关专项法规。在法规的框架之下，又陆续出台了一系列相关制度、办法等，对研究、种植、进口、加工、销售等各个环节都做了非常详细的规定。除了专业人士可能主动讨论转基因有关的法律问题外，普通老百姓最关心的还是食用转基因食品后，对自身生命健康、后代的影响，还有一些考虑的较为长远，会关心生态环境安全问题。

食用转基因食品到底安不安全呢？第一，从实际看，美国从 1996 年开始大规模种植转基因作物，到现在应该说已经经历了两代人。美国是有 3 亿多人口的大国，这

么大规模的人群实验足以验证转基因技术的安全性。第二，从逻辑上看，如果转基因大豆、转基因棉花、转基因油菜以及其他转基因的一系列农作物，对人的健康有很大的危害和影响，损害中国人的身体，政府也不会允许进口。第三，从科学上看，转基因农作物是否有害取决于是把一个有害的基因转移到农作物当中，还是把一个有益的基因转移到农作物当中。目前商业化的转基因作物，转入的都是有利于人类的、有利于社会的、有利于经济的基因，都是经过各个国家政府严格安全评价，获得了安全证书的基因。

公众在日常沟通交流的时候，只是泛泛地讲“反转”或者“挺转”。对于转基因研究与应用中的伦理、法律和社会问题，一是要回归理性，二是要回归到科学上。任何人都不应该预设立场，然后搜罗一些莫须有的证据，混淆视听。转基因作为一个新技术，即使是研究领域的专家，如果不直接从事转基因研究，对很多问题也是拿捏不准的。因为这个领域的研究十分复杂，所以普通公众就更不应该随意地对这么一个复杂的高新技术发表没有科学依据的言论。

三、关于我国转基因技术发展与应用过程中遇到的问题与困境

1. 关于转基因主粮、“黄金大米”等转基因争议

转基因主粮和“黄金大米”都是20世纪90年代由瑞士的科学家研发出来的。除却科技创新的意义，“黄金大米”的更大意义体现在对整个社会、对人类文明的积极作用。“黄金大米”的研发针对的是维生素A缺乏的问题。维生素A缺乏情况严重的话会造成儿童夜盲症，甚至失明，同时也会造成免疫力下降，容易受各种病毒、细菌感染。尤其是在非洲国家，生存条件艰苦，卫生情况差，大多数处于饥饿和贫困的状态。“黄金大米”的出现无疑是一项伟大的创新，能改变这些国家人类生存状态。目前，很多专家包括不是直接从事转基因技术研究的专家，都发声支持转基因“黄金大米”商业化，认为这项技术对贫困人口的营养保障做出了积极的贡献。

之前湖南转基因大米事件闹得沸沸扬扬，其中涉事专家受到了一些处分。处分的实际原因并不是转基因大米本身是否安全的问题，而是实验审批的问题。做这类实验前需要经过政府和道德伦理委员会等机构的批准，

这是一个程序问题。但是该事件出现后，事件真相被扭曲归结到转基因大米不安全问题上，把这两个不同性质的事件完全混淆了。

2. 影响我国转基因技术快速推进发展的因素

目前困扰中国转基因技术推进发展的因素，还是来自大众消费者的压力，如果政府强行放开转基因作物进入市场，可能会激起更多的社会矛盾。对于中国来讲，转基因玉米抑或是转基因水稻等，都尚未进入产业化。大部分公众觉得没有转基因作物，生活水平也照样提高了，生活质量也没有受到影响。但是，我们仍然不能忽视“三农”问题，特别是粮食问题。习近平总书记强调：“中国人的饭碗任何时候都要牢牢端在自己手上。我们的饭碗应该主要装中国粮。”他提醒我们：“保障国家粮食安全是一个永恒的课题，任何时候这根弦都不能松。”[①]因为这个事情不仅关乎我国农业发展前景，更对整个社会经济发展的稳定性起到至关重要的作用。普通公众不一定能够洞察到这个层面，但是政府、国家领导人、相关

① 习近平：饭碗要端在自己手里 [DB/OL]. http://www.xinhuanet.com/politics/2015-08/25/c_128164006.htm[2015-08-25].

专家学者都考虑到了这背后的深远影响。

事实上，无论从政府层面，还是从一些专家层面，已经意识到中国农业发展一定要坚持走自主创新的道路。2017 年中国进口了 9700 万吨转基因大豆及产品。这就意味着如果不进口，中国需要额外的 4 亿～5 亿亩土地才能生产出足够的大豆，但是这是不现实的。而 14 亿人口的粮食安全问题更是重中之重。举个极端的例子，如果真的发生了大灾荒，有一种可以抗旱的转基因玉米或水稻，是否选择种植？是生存重要还是讨论转基因存在的隐患重要？未来中国的农业不仅是转基因技术，其他的一些现代化的高新技术，包括栽培、收割等领域的农业高新技术，都将是以后中国农业发展的基础和保障。

3. 加快推进我国转基因领域的科学普及工作的建议

转基因问题是上至中央领导下至普通百姓都特别关心的问题。长期以来，很多专家积极参与转基因科普，但收效甚微。这与中国目前正处在一个转型的时期有关，许多的社会问题需要经过重塑过程。转基因科普可能不仅仅需要就事论事，应该在更深的层面上去考虑。比如，美国也有相当一部分公众不了解转基因，但是政府经过评估后商业化的转基因食品，公众还是会消费。

关于如何做转基因科普，应该是来自不同领域的专家、新闻记者和媒体、政府相关人员等，共同研讨这个问题。转基因科普涉及的问题包括方方面面，有法律的问题、伦理的问题，还有社会的问题；涉及人的心理、行为多重因素；目标人群的年龄、知识结构、生存背景千差万别。转基因科普要做到精准，针对不同群体使用不同的方式，讲不同的语言和内容，以便确保不同群体都可以听得懂、听得明白，能够信服。

转基因技术是一个高新技术，就整个技术流程、技术环节来说十分复杂，所以最应该被尊重的意见应该是来自直接从事这个方面技术研究的专家的看法和观点。公众应相信专家都持有基本的道德底线，要建立起一个起码的信任。关于转基因问题，有不同的看法是正常的，但通过媒体向社会大众科普时应该非常谨慎，如果不是直接从事这项技术研究的，就应该和从事这项技术的专家去沟通、去交流，充分地了解和理解这个技术。

（访谈记录、整理：袁梦飞博士，中国科学院科技战略咨询研究院）

第五节　回应公众关心的五个转基因问题

——康乐院士[①]述评

问题一：吃转基因食品安全吗？

转基因食品主要是来自人类通过遗传修饰的动植物。转基因食品的安全性主要取决于转的是什么基因，转基因动植物及其产品是否经过了严格和科学的食用安全性、环境安全性检验以及国家相关部门的批准。如果上述 3 个问题是明确的，那么就是安全的。

基因就是带有遗传信息的 DNA 片段，任何生物都包含海量的基因。人体内除了自己的基因外，还有更大量的共生微生物的基因。就农作物而言，主要的转基因的改良性状是抗病、抗虫性状和耐除草剂性状。这些基因

① 康乐，中国科学院动物研究所研究员，中国科学院北京生命科学研究院院长，河北大学校长。2011 年当选为中国科学院院士，2012 年当选为发展中国家科学院院士。主要从事昆虫生态基因组学研究。将分子生物学与生态学结合，系统研究了昆虫适应性和成灾机理。在蝗虫两型转变的行为遗传学、抗寒性、化学生态学等方面取得系统性创新成果；首次发现嗅觉感受蛋白基因和多巴胺代谢途径对飞蝗型变的启动和维持机制以及型变的表观遗传规律，阐明地理种群变异、抗冻物质、热激蛋白等对抗寒性的作用；揭示植物、昆虫、天敌的化学联系以及植物防御对策间的平衡关系。

及其编码的蛋白和酶，对农作物而言是外源的，但是在自然界中是天然存在的。在人类的发展和进化过程中都曾经接触过。例如，抗草甘膦基因为天然存在于某些特定物种中的拮抗除草剂草甘膦的基因，天然含有该基因的物种有青麻、长芒苋、黑麦草以及某些真菌种类。因此，不要一谈转基因就色变。植物的基因组非常庞大，仅编码基因就有 2 万多个，非编码基因数量更多。转基因作物所涉及的基因数量与作物自有的基因数量相比微不足道。

人类从诞生那天开始，就食用包含海量的外源基因和蛋白的食物。人类食用的粮食作物、西红柿、黄瓜、鱼类、家禽、畜产品、蘑菇等都含有对人类而言的外源基因。我们长期食用了如此大量的外源基因，对人体产生什么负面影响了吗？有人因此而获得了一些类似动植物的性状了吗？人类拥有强大的消化系统和消化酶系，食用外源基因和蛋白，经过酶分解成嘌呤和氨基酸，最终，或被人类利用或被排出体外。

问题二：转基因现在没问题，怎么保证100年以后没问题?

经过严格安全性评价的转基因动植物是安全的。在自然界自发的转基因现象，整个历程早已超过百万年。新科技的发展过程总伴随着争议，但科学探索不会因此停滞不前。中国作为农业大国，在转基因的研究上一定要占有一席之地、坚持自主创新。一定要避免陷入“今天没害，未来不一定没害”的伪命题，从而阻碍科学技术的发展。发展转基因技术绝不是一次冒险的尝试，而是基于极度审慎的科学态度和严谨的实践认证而做出的历史选择，是党中央、国务院做出的重大战略决策。转基因技术产生以来，为保障转基因产品的安全，中国一直没有放松过对转基因技术的监管。

问题三：转基因作物是人工改造的，为什么不吃天然的食物?

自然界存在大量转基因现象。根据植物柱头上花粉的量即可推测，不同近缘种植物间自然转基因的规模比人工的规模要大得多。值得注意的是，不是纯天然的食物就是健康的食物，而人工改良的食物就是不安全的。食物是否安全不能以是否纯天然来判断，有许多天然食物是有毒的或者不适合人类食用的。如野生动物中的狍子、岩羊、黄羊等，人类都曾试图驯养过，然而最终都放弃了。如今餐桌上供食用的猪、牛、羊、鸡、鸭、玉米、小麦、水稻等，都是人类从野生生物中选择和培育出来的，它们具备营养、口感、安全、易繁殖等优良特征，是人类最优的食物。

问题四：虫子吃了Bt转基因水稻会死，人能吃吗?

Bt蛋白是一类对鳞翅目、双翅目、鞘翅目、膜翅目等昆虫有毒性的杀虫晶体蛋白。它的主要特征是对特定的物种有毒性，而并非对所有的生物体都有毒性。简而言之，Bt蛋白并不是对所有的昆虫有效，并且对人、禽、畜无害。人类拥有强大的消化系统，无论是传统食用蛋白质还是外源基因表达的蛋白质都一样可以被人体消化分解。依据现有科学研究推论，包括转基因所编码的对昆虫有害的Bt蛋白，在消化酶的作用下，应该都会被分解成氨基酸。安全性实验的结果已经证明了这一点。

问题五：现在没有转基因食品，我们也没有挨饿，为什么我们要发展转基因技术?

习近平总书记曾强调：“中国人的饭碗任何时候都要

牢牢端在自己手上。”[①] 以大豆来说，目前美国拥有转基因大豆的先进技术，以更低的成本生产出更优质的大豆，其中一个重要的原因就是转基因农作物节约了农药的使用，使生产成本下降，安全性提升。所以，从价格到品质，我国本土的大豆都没有很强的竞争力。而且，中国每年在农药上的花费比购买国际上最优良的作物种子的支出还多。中国的耕地约占世界耕地的7%，农药用量却占到世界的45%，这不是农业可持续发展之路。此外，许多转基因杂交农作物品种都是“无后代种”。如果我们没有自己的转基因农作物品种，我们的农业生产将会受制于人。不发展我们自己的农药产业，同样也不能保证农业生产的安全。

（来源：中国科学院学部科学普及与教育工作委员会二届七次会议康乐院士发言）

① 习近平：饭碗要端在自己手里 [DB/OL]. http://www.xinhuanet.com/politics/2015-08/25/c_128164006.htm[2015-08-25].

第三章 人工智能科学问题

第一节　人工智能领域公众态度调查与传播研究

一、人工智能领域的公众态度调查

由于人工智能（AI）的应用广泛，我国公众对人工智能技术现状、应用前景和潜在威胁关注较多，基本保持较高的兴趣和正面的积极态度。公众关于人工智能的探讨带有正面倾向的高达83.95%，带有负面倾向的占10.53%（图3-1）[①]。

① 资料来源：清博大数据2017～2018年数据分析。

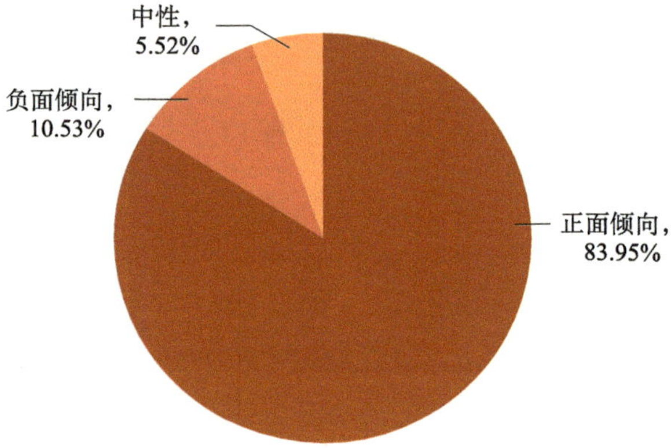

图 3-1 公众对人工智能的态度分布

根据中国信息通信研究院的《2017 中国人工智能产业报告》，我国网民中 47.7% 的人对人工智能只是一般了解，非常了解和完全不了解的人数较少，分别占 5.0% 和 5.7%，还有 21.6% 的人认为自己比较了解，20% 的人认为自己比较不了解（图 3-2）。

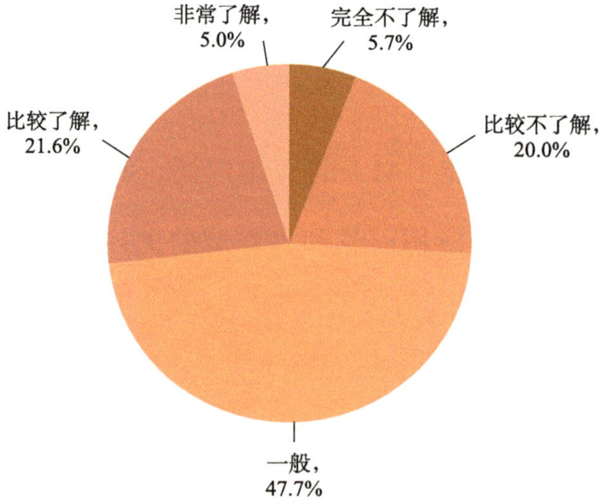

图 3-2 公众对人工智能了解状况分布

（1）网络媒体是公众获取人工智能信息的主要渠道，但对从不同媒体获得的信息信任度存在差异。中国信息通信研究院《2017 中国人工智能产业报告》数据显示，74.7% 的人通过网络媒体了解人工智能；40.5% 的人通过传统媒体了解人工智能；29.3% 的人通过影视作品、游戏动漫等形式了解人工智能；较少的人通过学术文献和机构报告等渠道了解人工智能。中国科协创新战略研究院 2018 年的一项调查也显示，微博、微信、网页是我国公众获取人工智能信息的主要途径（图 3-3）。

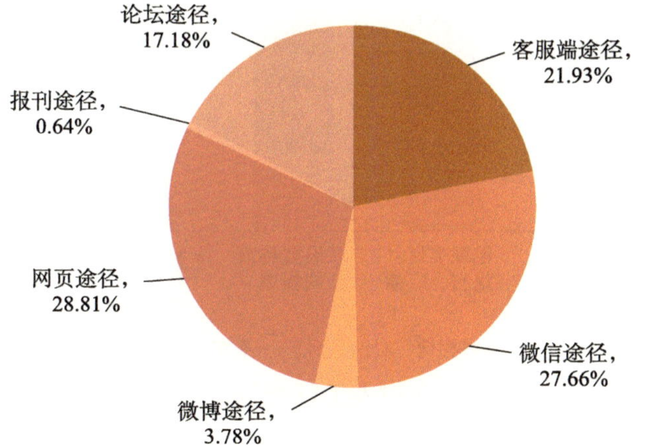

图 3-3　公众了解人工智能的渠道分布

尽管人们经常通过微信、微博等新媒体了解人工智能，但是对其信任度最低，59% 的人不相信这类新媒体传播的相关信息。次之是近 30% 的人对一些电视节目、报刊、广播传播的人工智能知识不太相信。与之对比，公众信任度排名依次是科研机构或高校公开的研究成果（34.29%），次之是政府宣传或新闻报道（29.63%），以及科学刊物、科普读物、科技展览（27.14%），如图 3-4 所示。

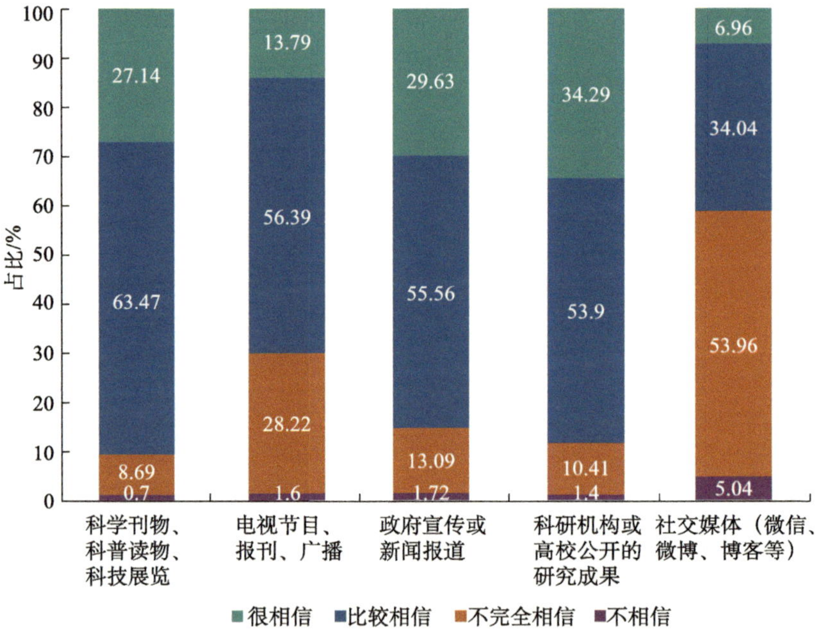

图 3-4　公众对人工智能信息信任度状况

（2）公众关注点集中在与生活相关的技术应用上。公众更加关注人工智能在生活中的应用，给生活带来的影响（便利）。相关技术应用或产品的使用促进了公众认知，提高了关注程度。人脸识别、机器学习、自然语言处理的研究应用于教育、军事、医疗健康、交通等多个行业，公众对其了解和关注最多（图 3-5、图 3-6）。

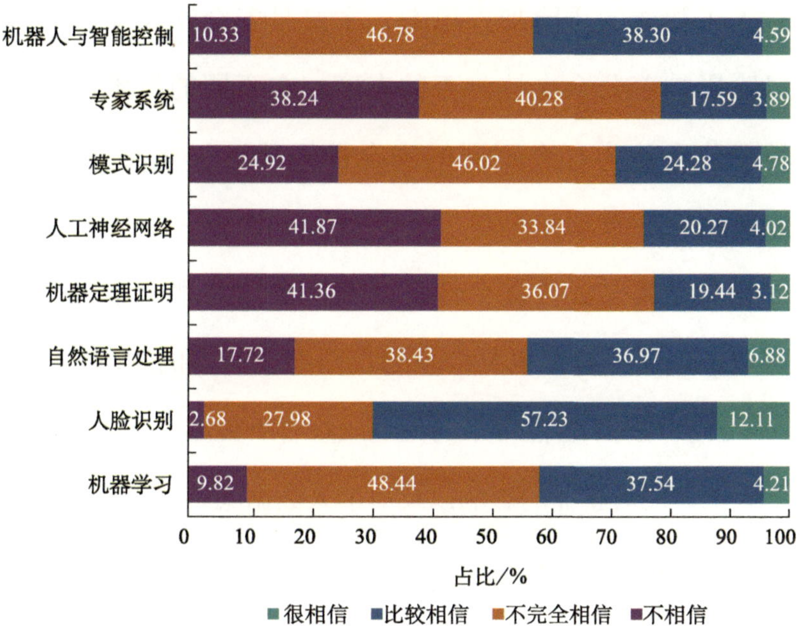

图 3-5　公众对人工智能研究领域的认知状况

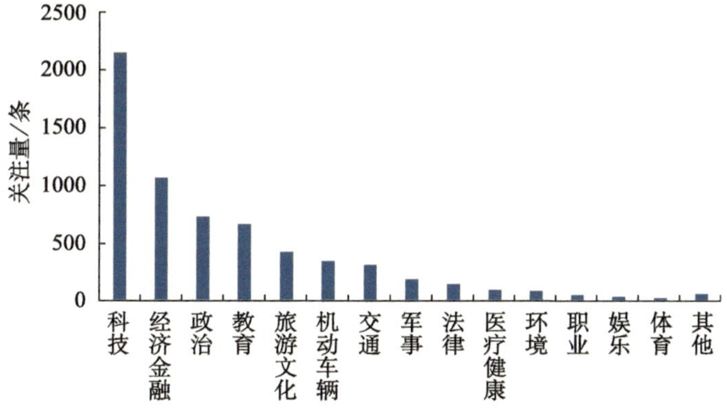

图 3-6　公众关注的信息类型

（3）公众对人工智能的技术安全性和伦理风险有所关注。享受人工智能带来便利的同时，公众也逐渐开始对人工智能的风险加以思考，主要是安全性风险和伦理风险影响着公众支持与否的态度。在不同的技术应用领域，公众认为存在不同的安全性风险，包括人身安全、决策安全、数据安全等。受到公众安全性风险争论最多的是无人驾驶、推送个性化网络服务以及智能金融三个领域，这三个领域也是公众持反对态度较多的领域。

公众对人工智能带来的伦理风险有所关注，具体而言包括人工智能对就业的影响以及对个人数据隐私的影响。由于个人数据隐私广泛存在于日常人工智能应用中，因而成为当下人工智能的热点社会议题，也是公众最为关注的问题。

二、科学共同体的人工智能领域传播概况

对相关文献的整理分析发现，科学共同体在人工智能方面的科学传播主要通过发表高水平论文、对话以及在重要会议上发表演讲来实现。主要有以下几个特征：①综合性强。往往是多方面的论述，由于人工智能是多学科的交叉，因此涉及人工智能概念、发展历程、瓶颈、突破点等。②专业性强。就人工智能的某一方面进行阐

述和发表看法，如人工智能的框架研究。因为内容偏专业，公众理解较为困难。③时效性强。紧密结合当下人工智能的热点，捕捉公众关注的问题进行科普。

科学共同体对人工智能科技传播的主要内容包括以下几个方面。

（1）认为人工智能是一门好的技术，是一次新的产业革命，解放了人的智力，将引领21世纪的产业经济，让人类生活变得更美好。如中国人工智能学会理事长钟义信教授认为："发展和应用人工智能技术是实现科技创新和应对复杂挑战的有效途径。""人工智能与互联网相结合，将使传统的互联网升级为智能化互联网，构成当今时代最先进的社会生产方式。人工智能的发展和普遍应用，不但不会使劳动者失业，相反会使人们的学习热情、研究才能、创造能力得到充分的发挥，使人们的聪明才智得到充分的拓展，使社会发展得越来越美好。"①

（2）指出人工智能在专用人工智能领域取得了突破性进展，但是人工智能的发展道路还很长，今后发展的方向和突破点需结合中国自身情况，提出相关对策。中国工程

① 钟义信．人工智能：信息技术的制高点——献给《中兴通讯技术》创刊20周年[J].中兴通讯技术，2015，(3)：1-3.

院院士李德毅研究员在《网络时代人工智能研究与发展》一文中指出，近60年的发展，人工智能科技在专用领域取得了重大成就，但距离真正的人工智能还非常遥远。需要下功夫，重视学科交叉，重视认知物理学的研究，解决自然语言问题，把“网络拓扑”作为运行框架表示的新方法。

（3）指出人工智能永远不会超越人类，在科学共同体内部不存在造成社会动荡和末日的说法。国际导航与运动控制科学院院士、纽约科学院院士蔡自兴说：“人工智能已在许多科技领域超过人类智能，如计算速度、博弈能力等。不过，这些智能都是人类开发与设计的，是人类赋予的。人类具有的自然情感与灵感、社会公德、自繁殖、自供能等能力，都是机器人所没有的。”① 就拿人机对弈事件来说，李世石是一个人，AlphaGo 则集成了成千上万人的智慧。况且李世石也不能代表全体人类，其次 AlphaGo 还是人设计出来的。钟义信教授指出，在人类与人工智能之间，人类始终是主体，人工智能则是人类求解问题的聪明工具②。

① 刘志远．对话中国智能机器人学开拓者——蔡自兴[J]. 科技导报，2015，33（21）：87-89.

② 钟义信．人工智能：信息技术的制高点——献给《中兴通讯技术》创刊20周年[J]. 中兴通讯技术，2015，（3）：1-3.

三、政府机构的人工智能领域传播概况

随着移动互联网的蓬勃发展，人们获取科技信息的渠道也越发多元。2018 年第十次中国公民科学素质抽样调查结果显示[①]，电视和互联网是公众日常获取科技信息的主要渠道，分别占比 68.5% 和 64.6%。此外，广播（24.2%）、报纸（10.3%）在提供科技信息方面，依然发挥着重要作用。可见，官方媒体依然是科学传播的主要渠道，是政府决策重要的“发声器”。

对相关文献的整理分析发现，官方主要通过中国政府网、《经济日报》、新华社、《光明日报》、《人民日报》、中国新闻网等主流媒体发布人工智能相关新闻，主要有以下几个特点：①具有权威性。例如，中国政府网办公室编制了 2016 年中国人工智能产业的分布、发挥情况等。②政策导向性强。报道专家学者在大型论坛上的报告或发言，以及发布知名专家学者的提案和专访等。③具有全局性。报道涉及人工智能领域的顶层规划，以及各子方向领域的重大进展、重要突破等，突显人工智能

① 全民科学素质纲要实施工作办公室，中国科普研究所. 2018 中国公民科学素质调查主要结果. http://www.crsp.org.cn/uploads/soft/180919/1-1P919200S4.pdf [2018-09-19].

在国家发展和科技进步中的革命性地位。

官方传播的主要内容有以下几点。

（1）人工智能是第二次产业革命，改变了人类的生产生活方式，给人类带来深远的影响。全国人大代表刘庆峰多次在重大场合表达人工智能关乎国家科技水平，是伟大的历史节点。国家需要积极响应，做好政策扶持以及伦理关怀。

（2）传播“人工智能在大数据和互联网背景下的发展现状”以及“如何影响人类的生产生活的方方面面”。人工智能当前在无人驾驶汽车、在线智能翻译、可穿戴设备等方面得到了广泛使用。譬如，邬贺铨院士说，相关机构结果预测表明，在不久的将来，社会的各方面应用和服务都将有人工智能的出现[①]。

（3）报道科学家或者企业负责人对人工智能建设的建议和措施。譬如，汤敏等指出，作为制造业大国，近年来我国低成本优势逐渐消失，制造业转型迫在眉睫。对企业而言，利用好新一代信息技术将是其在新时代成长环境中抓住机遇的关键。可以充分利用百度、腾讯、

① 杜悦英．“人工智能，最终要回到人类本身”——访中国工程院院士邬贺铨 [J]. 中国发展观察，2016（6）：8-10.

科大讯飞等人工智能科技成就突出的企业，发挥其先锋和引领作用。同时，制定相关政策，如加大资金投入、税收优惠、人才培养等，鼓励企业研发积极性，营造良好的产业氛围[1]。

四、大众传媒的人工智能科技传播

近年来，新媒体蓬勃发展，社交网络不断兴起，在科学传播中占有一席之地，Web2.0 时代让科学传播有了更大的活力，同时拓展和丰富了科学传播的内涵。社交网络通过信息流的相互往来和传递，实现共赢共享。吴国盛[2]等学者指出：媒体作为科学与公众之间的界面，发挥着异乎寻常的作用。无论从实际效果的角度看，还是从促进互动的角度看，媒体都是中心和枢纽。

大众媒体的公众传播可分成网络社区和自媒体两类。一类是论坛、博客、微博、微信等互动平台；另一类是泛科技主体的社交网络。网络社区都有人工智能的专栏或者讨论区，具有代表性的有豆瓣的“人工智能小组”，还有人工智能的电影评论区、原创人工智能的文章等模

① 汤敏，左小蕾．“互联网 + 人工智能”正催生一场新的工业革命 [N]. 经济日报．2016-04-08（1）.

② 吴国盛．科学与公众传播 [J]. 文明，2004，（2）：10-11.

块。自媒体有微信订阅号的“中国人工智能学会”“人工智能机器人”，博客、微博有“人工智能机器人联盟”、“北京大学人工智能实验室”、南京大学人工智能专家周志华等。

通过对相关资料的分析整理可以看出，大众媒体的人工智能科技传播具有以下几个特征。

（1）中介性。大众媒体是政府面向社会公众传播人工智能科技信息的最佳载体和媒介，是联系科技界与受众的纽带。科技信息的传播过程是由“信息的产生→加工处理→传输→接收→利用”等环节组成的。大众传媒通过信息这个载体，实现对人工智能知识的大量复制和广泛、快速传播，促进了科技知识的交流、普及和共享。大众传媒虽然本身并不产生新知识，但它却是新知识传播的桥梁，是沟通科学家与公众关系的中介。媒体通过与科技界的沟通和合作，对已有人工智能科学知识和科技成果进行“二度创作”，之后，传播、普及给广大公众，转化为公众科学素质和现实生产力。

（2）高效性。论坛、博客、微博、微信等，已经弥散和渗透到人们学习、工作和生活的方方面面。随着信息技术和媒体技术的迅猛发展，媒介形式不断组合和创新，媒介功能日益强大，信息传播效能不断提高。移动互联网作为一种新兴的媒体，具有信息丰富、检索方便、实时性和互动性强等特点，是一个容量巨大、获取高效、全球联通的人工智能“开放书架”和科普资料库。

（3）互动性。采用通俗易懂的语言、运用生动典型的事例或直观形象的画面等一系列公众喜闻乐见的形式，促使他们能够更好地理解、掌握和接受人工智能领域的科学知识、思想和方法，从而引发广泛的互动。

基于以上分析，我们可以得出这样的结论：大众媒体视角下的人工智能科技传播，更多的是好玩与有趣。主要传播有人工智能的新产品，新技术。例如2017年2月关于“全球首款性爱机器人”的微博报道。报道对这款机器进行了非常详细的描述，但是我们不知道该产品的真实性如何，量产以后能否满足公众的期待。此外，涉及人工智能娱乐的科技文章，公众的关注度也颇高。

五、人工智能领域面临的主要科学问题

人工智能发展至今，伴随着争议、质疑，褒贬不一。2017年7月，国务院印发《新一代人工智能发展规划》，提出了面向2030年我国新一代人工智能发展的指导思

想、战略目标、重点任务和保障措施，部署构筑我国人工智能发展的先发优势，加快建设创新型国家和世界科技强国。从此，人工智能正式列入国家发展战略，热度再次飙升。然而，作为新技术领域，不可避免地面临一系列的质疑。尤其是 AlphaGo 一举战胜围棋世界冠军，英国剑桥大学物理学家霍金教授多次强调人工智能可能毁灭人类，那么“人工智能威胁论”是否可能一语成谶？不少公众对人工智能抱有一定的疑虑和担忧，主要集中于人工智能的发展程度、人工智能与经济、人工智能创新等方面的问题。

针对人工智能的发展程度、“信息时代”和“智能时代”的区别，以及“新一代人工智能”的内涵、人工智能和数字经济的关系等问题，本书邀请中国工程院院士李国杰展开述评。针对目前人工智能发展的几个主要问题，如主要推动力、最大亮点、创新拖累以及最大难题等，邀请中国科学院院士陆汝钤、复旦大学张军平教授从科学家的角度进行回应与解读。

第二节　理性地认识人工智能

——李国杰院士①述评

近两年来，人工智能十分火爆，媒体上介绍人工智能技术进展和发展前景的文章连篇累牍，成千上万人参加的人工智能高峰论坛此起彼伏。在轰轰烈烈的造势活动中，我们也能观察到一种“围城”现象：真正做人工智能研究的专家说话都比较谨慎，而吹嘘人工智能万能或散布人工智能威胁论的大多不是真正研究智能技术的专家。

发展人工智能要排除“左”、“右”两方面的干扰。“右”的干扰是对人工智能等新一代信息技术麻木不仁，墨守成规，错失发展机遇，可能使国家陷入“中等收入陷阱”；“极左”的干扰是盲目冒进，对人工智能抱不切实际的幻想，或者过分夸大人工智能的威胁，使人工智

① 李国杰，中国科学院计算技术研究所首席科学家。1995 年当选为中国工程院院士，2001 年当选为发展中国家科学院院士。主要研究方向包括高性能计算、人工智能、大数据和未来网络等。主持研制成功“曙光一号”并行计算机、“曙光 1000”大规模并行机和“曙光 2000/3000”超级服务器，为发展中国高性能计算机产业做出了突出贡献。

能再次进入寒冬，可能断送发展新经济的大好机遇。

大数据和人工智能已列为国家发展战略，我们要理性地认识人工智能等新技术，满腔热忱地拥抱驱动数字经济的新技术，不做表面文章，扎扎实实将大数据与人工智能技术融入实体经济，为经济发展注入新动能。

一、人工智能究竟发展到什么程度?

人工智能和计算机科学技术是一对孪生兄弟。早在第一台电子计算机诞生以前，沃伦·麦卡洛克和沃尔特·皮茨于 1943 年就发表了重要论文《神经活动中内在思想的逻辑演算》，提出了神经元的数学模型，这个模型至今仍是人工神经网络的理论基础。这篇论文也是被称为“计算机之父”的冯·诺依曼发表的划时代报告（EDVAC 计算机设计方案）的唯一参考文献。冯·诺依曼研制计算机的初衷是实现两个目标：一个是通用功能的计算机，另一个是基于自动机理论、自然规律和人工智能的计算机。

但没过多久，冯·诺依曼就发现模仿神经网络设计计算机的路走不通。1946 年 11 月他在给控制论创始人维纳的信中写道：“为了理解自动机的功能及背后的一般原理，我们选择了太阳底下最复杂的一个对象……在整合了图灵、皮茨和麦卡洛克的伟大贡献后，情况不仅没有好转，反而日益恶化……这些人向世人展示了一种绝对的且无望的通用性。”从第一台电子计算机开始，计算机的发展就与模拟神经网络分道扬镳，集成电路的发明和后来几十年在摩尔定律引导下的“狂奔”，使得用计算机实现人工智能的方式与人脑的思维机制几乎不沾边。

与计算机的发展类似，人工智能的发展也面临两条技术路线的选择：从分析智能行为出发还是从分析大脑结构出发。60 多年前，人工智能起步是从符号推理开始的，主要做机器定理证明和专家系统等，做的是“知其然又知其所以然”的事，突出的成果是自动化的逻辑演绎和知识工程。人工智能的前 30 年被认为是第一波。由于自上而下逻辑演绎的局限性，早期完全基于数理逻辑的人工智能学科体系到 20 世纪 80 年代已基本瓦解，机器学习、自然语言理解、计算机视觉、机器人、认知科学等学科在独立发展的过程中，不约而同地发现了一个新的平台，这就是概率建模和随机计算。伴随人工神经网络的兴起，自下而上的统计学习（概率推理）开始成为人工智能的主要技术，人工智能进入第二波。

2006年，深度学习技术的研究出现重大进展，可以自动生成学习对象的特征，进入了无特征建模阶段。深度学习应用到某些领域不需要研究人员掌握该领域的大量专业知识，也就是说，可以解决一些“知其然而不知其所以然”的问题。在2012年基于ImageNet的图像识别竞赛中，深度学习方法脱颖而出，引发了深度学习的热潮。基于深度学习的AlphaGo程序战胜围棋世界冠军使不少人认为，人工智能进入了以大数据为中心的第三波，从推理驱动发展到数据驱动，实现逻辑推理和统计学习的深度融合，致力于发展可解释的更加通用的人工智能技术。

许多人讲人工智能是新的学科，内容涉及脑科学、统计学、社会科学等。但迄今，脑科学对人工智能的贡献很小，统计学对机器学习的崛起发挥了较大作用，但没有人把人工智能看成统计学的分支。目前的人工智能本质上还是计算机科学的一个分支，现在国际上将人工智能的论文都统计在计算机科学名下。从基础研究来看，人工智能是计算机科学的前沿研究；从应用来看，人工智能是计算机技术的非平凡应用。所谓“智能化”的前提是计算机化，目前还不存在脱离计算机的人工智能。

近年来，人工智能的复兴主要得益于数据资源的极大丰富和计算能力的飞速提高，人工智能技术本身并没有本质性的突破。因此可以说，人工智能的复兴是计算技术的胜利，摩尔定律的胜利！

人工智能的火爆不是吹出来的，从应用效果来看，确实有一些过去机器做不到的事现在计算机能做到了。语音识别在安静环境下准确率超过98%，人脸识别准确率已高达99.7%，比人眼还准确。2016年“双十一”当天，蚂蚁金服要承担500万次客服服务，如果完全采用人工客服，需要3.3万名服务人员才能较好地承接。借助于蚂蚁金服开发的智能系统，94%的客服由计算机智能解决，客服效率较之前提升了20倍。近两年，蚂蚁金服全面开放人工智能客服能力，比人工客服效率高出30～60倍。这样的人工智能应用案例比比皆是。

人工智能系统在一些特定任务方面已胜过人类，如国际象棋（1997年）、图像识别（2015年）、语音识别（2015年）、围棋（2016年）以及得州扑克（2017年）等。未来5～10年，人工智能将融入交通、医疗、金融、教育等行业，自动或半自动驾驶汽车已在几个城市试点。人工智能确实会改变我们的工作、生活和思维方式，是推动社会发展的巨大动力。

但是，人工智能还不是像交流电一样接上插头就能用的通用技术，人工智能应用目前还有较多限制。一般而言，人工智能技术对完成一项任务发挥较好作用，需要有较丰富的数据或者较丰富的知识，需要有较完全和较确定的信息，且规则比较明确，任务较为单一。人工智能下棋可以超过人类，但打麻将、玩桥牌目前难以胜过人类。人工智能在蚂蚁金服这种专业性强、规则明确的服务中表现不俗，但不限领域的开放性的人机对话还难以实现，例如，已获得沙特阿拉伯公民身份的机器人索菲亚对“你几岁了”回答是“你好，你看起来不错”。目前科大讯飞的机器翻译还取代不了同声翻译专业人员。在复杂路况条件下无人驾驶还有很长的探索之路要走，短期内不可能实现。

总之，对人工智能技术的大规模普及应用要有足够的耐心。在推广人工智能技术时，要避免出现“人工智障”。历史上人工智能专家曾多次做出过于乐观的预测，结果都没有兑现，使得人工智能研究两次进入寒冬，我们应谨防重蹈覆辙。对上百亿年宇宙演化形成的极为精巧的人脑应有足够的敬畏，破解人脑的奥秘可能需要几百年甚至更长的时间。

二、现在是否已从信息时代跨入“智能时代”？

近来，媒体上有一种舆论认为：信息时代已经过去了，现在已进入人工智能新时代。判断处在什么时代需要有历史的眼光，对时代的误判可能会犯历史性的错误。15世纪的中国拥有世界上最强大的航海实力，明朝政府却实行海禁政策，坐失了大航海时代的发展机遇。从党的十三大开始，党中央多次强调我国长期处于社会主义初级阶段，这一正确的时代认识为我国各方面的健康发展奠定了理论基础。从经济发展角度来划分时代，人类社会至今只经历了渔猎、农业、工业和信息四个时代，每个时代长则上万年，短则数百年。

信息时代与工业时代一样，应该延续较长的时间。信息时代将走过数字化、网络化、智能化等几个阶段，人工智能的复兴标志着信息时代进入智能化新阶段。

经济学家普遍认为，经济发展有50～60年的长波周期，从蒸汽机的推广应用开始，人类社会已经历了5个经济长波，现在处于第5个经济长波的下降期（图3-7）。经济长波与经济时代不是一个概念，一个时代可以有几个经济长波。根据康德拉季耶夫的经济长波学说和熊彼得的技术创新理论，每一个经济长波都是由标志性的基本创新触发的。第 4 波以电子计算机与集成电路的发明为标志，第 5 波以互联网和移动通信的兴起为标志。目前人工智能还处于初级阶段，再经过十余年的推广普及，也许到 2030 年左右，以人工智能、大数据、物联网、生命科学等技术为标志，将出现经济高速发展的第 6 波。从第 4 波到第 6 波都属于信息时代。目前阶段的人工智能本质上还是一种计算技术，以下赢一盘围棋作为将信息时代和智能时代的分界线有点牵强。

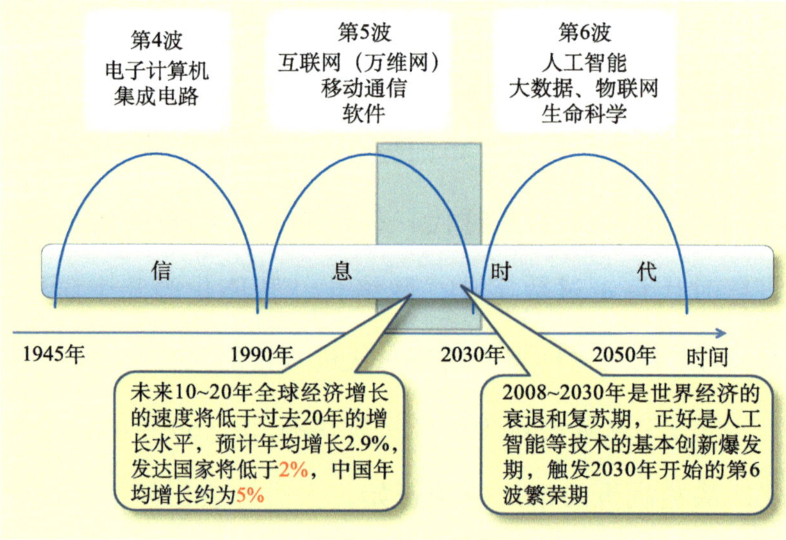

图 3-7　对信息时代经济长波的预测

美国三院院士乔丹教授（国际上公认的统计学习的领军学者）认为：在未来30年内，人工智能实现不了创造性和变通的灵活性。目前人工智能技术还不够强大，远没有成为一个理论完备的学科。人们对人工智能的期待太高了，我们还没有步入可以利用我们对脑的认识来指导搭建智能系统的时代。2018年诺贝尔经济学奖得主威廉·诺德豪斯曾在2015年发表了一篇名为《我们正在接近经济奇点吗？》的论文，文章指出：大部分的经济指标都不支持“奇点即将来临”的判断。

从上述时代判断可得出两点结论：第一，未来10～15年对经济贡献最大的可能不是大数据和人工智能等新技术，而是信息技术（包括大数据和人工智能）融入各个产业的新产品、提供个性化产品和服务的新业态、产业链跨界融合的新模式。这些创新主要是已知技术的新组合。第二，在经济的衰退复苏期要特别重视基础性技术的发明，未来10～15年应力争在人工智能领域做出像电子计算机、集成电路、互联网一样的基础性发明。

三、“新一代人工智能”的含义是什么？

2017年7月8日国务院发布了《新一代人工智能发

展规划》。在这之前，中国工程院向国务院提交了一份关于《人工智能 2.0》（即 AI 2.0）的咨询报告。中国工程院咨询课题组给出 AI 2.0 的初步定义是：基于已出现重大变化的信息新环境和发展新目标的新一代人工智能。其中，信息新环境是指：互联网与移动终端的普及、传感网的渗透、大数据的涌现和网上社区的兴起等。新目标是指智能城市、智能经济、智能制造、智能医疗、智能家居、智能驾驶等从宏观到微观的智能化新需求。可望升级的新技术有大数据智能、跨媒体智能、自主智能、人机混合增强智能和群体智能等。

国务院发布的文件基本上采纳了中国工程院提出五类新型人工智能技术的观点，但没有正面解释人工智能的分期，也没有采用 AI 2.0 这一术语，而是采用较为笼统的“新一代人工智能”的提法。文件指出：“人工智能发展进入新阶段。经过 60 多年的演进，特别是在移动互联网、大数据、超级计算、传感网、脑科学等新理论新技术以及经济社会发展强烈需求的共同驱动下，人工智能加速发展，呈现出深度学习、跨界融合、人机协同、群智开放、自主操控等新特征。”“当前，新一代人工智能相关学科发展、理论建模、技术创新、软硬件升级等整体推进，正在引发链式突破，推动经济社会各领域从数字化、网络化向智能化加速跃升。”

请注意，不管是中国工程院的解释还是国务院的文件，都是讲人工智能应用的新环境、新的发展目标和呈现的新特征，并没有指出一个标志性的事件或一项颠覆性的新技术。第一次工业革命是因为蒸汽机的出现，第二次工业革命是因为交流电的出现，经历了60多年发展的人工智能因出现了什么技术就进入了第二代，似乎并不清楚。只能说，深度学习等技术在一些领域的成功使人们看到了人工智能技术广泛应用的希望，智能应用的需求更加迫切，但深度学习并不是一项划时代的基础性发明。深度学习技术的基础是反向传播（BP算法），令人吃惊的是，BP算法的发明者、被誉为“深度学习之父”的Geoffrey Hinton教授2017年在第31届神经信息处理系统大会（NIPS）上指出：“我们需要放弃反向传播算法，重起炉灶。”中国工程院提出的可望升级的大数据智能、跨媒体智能、自主智能、人机混合增强智能和群体智能等新技术在未来10～20年能否有本质性突破，还有待历史检验。

从这个意义上看，人工智能2.0，与其说是技术上的重大突破（至今还没有发生），不如说是智能化应用的第二次大浪潮。重大技术应用的S曲线往往有相继的两条，第二条S曲线的生命周期更长，对经济的驱动力更强。预计人工智能技术在今后几十年内会遵循类似第二条S曲线的发展态势，应用的规模和效益可能大大高于过去的60多年，这可能是人工智能2.0的真正含义。

对人工智能技术做出这种乐观的估计有一定根据。遵循摩尔定律，过去几十年芯片和计算机的性能呈现爆炸式增长，提高了万亿倍；近几年产生的各种数据（特别是网上数据）的规模也像遵循摩尔定律呈指数型增长，为智能信息处理提供了足够多的“原料”。网络的普及使数以百亿的设备可以联网，而网络的效益与联网的终端数量的平方成正比。智能化是信息化效益的倍增器和催化剂，在计算机化和网络化渗透到每一个角落的条件下，人工智能技术一定会成为推动经济和社会发展最大的动力，使世界走向更加美好的明天。

四、人工智能与数字经济是什么关系？

2018年10月31日，习近平总书记在中共中央政治局第九次集体学习时强调，“人工智能……具有溢出带动性很强的‘头雁’效应”[①]。这一判断也就是说智能化是发展数字经济的主攻方向。为什么人工智能技术如此重要？2017年，我国电子信息产业收入总规模18万亿元，而我国人工智能核心产业市场只有200多亿元（《新一代人工智能发展规划》要求2020年我国人工智能核心产业规模超过1500亿元）。目前，人工智能核心产业收入只占电子信息产业总收入的千分之一左右，如此弱小的核心产业为什么能引领我国经济高质量发展，值得我们深思。

要想理解人工智能的巨大作用要从智能学科的本质特点找原因。人工智能与其他所有学科不一样，它不是静止的有限范围的技术，其研究内容不断向未知领域延伸，永远处在计算机科学研究的最前沿。曾经的智能技术一旦成熟，大家习以为常，就不再认为其是智能技术了。如今使用的大多数软件都是基于人工智能技术开发的，包括Windows操作系统、智能手机应用等。人工智能的权威学者明斯基教授指出：“人工智能的任务是研究还没有解决的计算机问题。”这一特征表明，人工智能

① 习近平主持中共中央政治局第九次集体学习并讲话[DB/OL]. http://www.gov.cn/xinwen/2018-10/31/content_5336251.htm[2018-10-31].

总是探索那些像“下围棋胜过人类”这样的令人惊喜的“禁区”，将“不可能”变成“可能”，将尖端技术变成老百姓司空见惯的常用技术，这就是“头雁”的作用。

理解大数据、人工智能等引领技术的贡献，还可以从另一个角度，用“蜜蜂模型”来解释。我国蜂蜜市场每年不到100亿元，但蜜蜂的价值主要不是生产蜂蜜而是传粉，如果没有蜜蜂传粉，水果蔬菜将大大减产，蜜蜂对农业有不可替代的重大贡献。人工智能对其他产业的作用如同蜜蜂对各种农作物的作用一样。人工智能不是单项技术，实际上是计算机和其他信息技术的集成应用，在实际应用中很难分清楚哪些是人工智能应用，哪些是一般的计算机技术应用。人工智能技术渗透到各行各业，将促进全社会方方面面的变革和技术升级换代，从数字化、网络化走向智能化。

人工智能的影响很难统计。数字经济的统计中包含许多传统经济的贡献，我们常常会感到困惑：人工智能等新技术的增量究竟在哪里？人工智能的作用不仅仅体现在经济增长上，更多地体现在生产方式、生活方式、政府管理模式的改变，特别是人们思想观念和认知方式的改变上。现在使用的统计标准不适用于人工智能引领的数字经济。数字经济中有许多免费的应用没有计入国内生产总值。智能化的数字经济带来的产品质量的巨大改进、产品种类的极大丰富、用户体验的明显改善都不能在国内生产总值中反映出来。

高质量发展的必经之路是从资源要素驱动转变为创新要素驱动。智能技术的本质是认知技术和决策技术。智能技术是数字经济的关键生产要素，它的威力在于促进人、机、物三元世界的融合，促使各类经济活动朝着高效率、高质量、可持续和更加智能化的方向发展。

目前全球市值最高的公司是苹果、亚马逊、Alphabet（Google 的母公司）、微软、Facebook、阿里巴巴，这些公司都是人工智能的领头企业。埃森哲公司发布的咨询报告指出，人工智能技术的应用将为经济发展注入新动力，在现有基础上能够提高 40% 的劳动生产率。2018 年麦肯锡的研究报告表明，到 2030 年人工智能新增经济规模将达到 13 万亿美元。

中国信息通信研究院联合高德纳咨询公司（Gartner）于 2018 年 9 月发布的《2018 世界人工智能产业发展蓝皮书》报告统计，我国（不含港澳台地区数据）人工智能企业总数位列全球第二（1040 家），仅次于美国（2039

家）。在人工智能总体水平和应用方面，我国也处于国际前列，发展潜力巨大。但值得注意的是，我国人工智能基础层、技术层和应用层的人才数量占比分别为 3.3%、4.9% 和 61.8%（美国为 22.7%、37.4%、39.4%）。我国基础层人才比例严重偏低，头重脚轻，根基不牢。人工智能产业必须扎根在系统结构和软件理论的深土中，发展人工智能不能停留在算法层面，要关注从算法、软件、人机界面到系统结构和芯片这一完整的产业链和生态系统。

第三节　漫评人工智能发展态势

——张军平教授[①]、陆汝钤院士[②]述评

近10年来，人工智能经历了快速发展，进入了第三波热潮。与1956年兴起的第一波热潮和1985年左右兴起的第二波热潮主要集中在学术界不同，这一波热潮对学术界和产业界都产生了明显的影响，在多个领域取得了令人瞩目的成就。例如，在围棋方面，谷歌的AlphaGo、AlphaZero系列通过结合机器学习领域，可实现高效搜索最优解的蒙特卡洛树搜索，根据策略网络来调整下棋策略的强化学习和监督学习，可实现高性能预测的深度学习及对棋局胜负能进行视觉价值评估的计算机视觉技术，在与围棋高手李世石、柯洁的对弈中都取

① 张军平，复旦大学计算机科学技术学院教授、博士生导师，中国自动化学会混合智能专委会副主任。主要研究方向包括人工智能、机器学习、图像处理、生物认证及智能交通。至今在包括IEEE TPAMI、TNNLS、ToC、TITS、TAC、TIP等期刊上发表论文近100篇。

② 陆汝钤，中国科学院数学与系统科学研究院研究员。1999年当选为中国科学院院士。主要研究方向为人工智能、知识工程和基于知识的软件工程。研究内容主要包括知识工程语言、专家系统开发环境、异构型分布式人工智能和机器辩论、类自然语言理解和知识自动获取、ICAI系统自动生成、知件和基于知件的软件工程、计算机动画全过程自动生成、大知识和大知识工程等。

得了压倒性的胜利。同时，由于其具有人类无法比拟的巨量解空间搜索能力，AlphaGo系列还发现了多手300年来围棋棋谱中未曾发现的妙招。这些妙招随后被不少围棋选手在人类的围棋赛事中所采用。2019年1月25日，谷歌DeepMind团队研发的AlphaStar又在游戏领域里，以10：1的成绩在《星际争霸2》游戏中击败了职业玩家。

人工智能不仅在围棋、游戏上有显著进展，在机器人方面也有长足进步。比如，对自动控制领域而言，以前三级倒立摆是一个难调参数、不容易获得稳定解的难题。而今，波士顿大狗团队经过近20年的坚持，已有效解决了这一难题。同时，其推出的机器人系列不仅可以准确跟踪目标，在相对复杂的环境如冰上行走自如，还能三级跳式地上台阶，甚至后空翻。2019年1月3日在月球背面成功着陆的“嫦娥四号”探测器，为解决月球背面登陆的延迟问题，也利用了人工智能技术来保证其具有更鲁棒的自适应调整能力。

在无人驾驶方面，至2018年7月，谷歌的无人驾驶部门Waymo已完成800多万英里（1英里≈1.6千米）的路测；在安防方面，国内在机场、高铁站已经大面积地普及了自动人脸识别系统；在金融方面，人工智能可以帮助手机支付系统识别电信欺诈，为人们的钱袋建起最后一道屏障；以及快递行业里的无人化仓储、富士康公司的“熄灯工厂”。这都或多或少显示出人工智能正在帮助产业界快速提高效率。

那么，面对热闹非凡的人工智能大潮，有哪些看点呢？

一、深度学习的崛起是主要推动力

究其原因，本轮人工智能热潮的兴起主要源于深度学习的突破性进步。最初的进展与加拿大科学家 Geoffrey Hinton 于 2006 年提出神经网络的深度架构思路有关。而标志性突破则是 2012 年他带领学生采用 AlexNet 深度模型在 ImageNet 竞赛上获得冠军，并将识别率一次性提高了10个百分点[①]。这一性能的提高被经典机器学习的专家认为本需要 10 年以上的时间才可能达到。自此以后，人工智能及相关领域如图像识别、语音识别、自然语言处理等的研究重心，均开始向深度学习偏移。

深度学习性能能取得快速提升，主要得益于结构设

① Krizhevsky A, Sutskever I, Hinton G. ImageNet classification with deep convolutional neural networks[C]. //Advances in Neural Information Processing Systems. 2012:1097-1105.

计、大数据和硬件升级三大因素①。

深度学习模型的结构设计自2012年以后开始向深层转变，且逐层可以学习不同的特征。直观来理解，这一改变使得深度学习模型有能力通过特征的深度组合形成一个较原问题更大的解空间或过完备解空间，因而更有利于神经网络寻找问题的最优解，甚至那些不会出现在原空间上的最优解。另外，传统神经网络的优化瓶颈得以解决。在早期的神经网络研究中，因为没有好的损失函数能保证梯度信息在回传时不衰减，离输出端远的网络层往往很难调整，也就得不到好的性能。为解决这一问题，AlexNet采用了线性整流函数或修正线性单元（Rectified Linear Unit）的损失函数。该函数可以有效地防止梯度消失，从而保证了网络变深后，仍然能对网络的全部层次进行充分训练。除此以外，为提高网络的训练性能，深度学习在优化过程中，会随机扔掉一些网络中连接边不参与优化，还会对每一层做批处理的标准化（batch normalization）或其他标准化变种。这些技巧都保证了深度学习的结构能得到有效的调整。

第二层因素与大数据有关。一般来说，网络要得到

① 张军平. 人工智能的发展历程与未来方向 [J]. 国家治理，2019,（4）：3-6.

充分训练，需要的样本要随参数的数量呈指数级增加。在2012年以前，我们很少可以获得海量数据集。而在此之后，随着采集设备如高清摄像头成本的下降，以及万维网和移动网络的普及，我们有条件获得巨量的视频数据、网络用户数据等。生成对抗网络①还可以用“双手互搏”似的技巧来生成大量与真实数据相仿的伪数据。这些数据大大提升了深度网络的训练性能，拓宽了深度网络的适用范围。可以说，没有大数据，就没有深度网络的兴起。

另外，万维网的迅速发展和普及有力地推动了大数据的繁衍、交流和应用。根据我们的统计，从1995年8月到2013年11月网站数量增加了39 797倍，相当于每14个月翻一番。如果说20世纪90年代百万级的大型知识库还可以称雄一时，如今10亿级的开放知识图谱已不罕见，而伯纳斯－李（T. Berners-Lee）提倡的互联开放数据达到了千亿量级②。这一切在相当程度上要拜万维网所赐。

---

① Goodfellow I, Pouget-Abadie J, Mirza M, et al. Generative adversarial nets[C]. //Advances in Neural Information Processing Systems. 2014：2672-2680.

② Fink E E. Overview and Recommendations for Good Practices，American Art Collaborative (AAC) Linked Open Data (LOD) Initiative[DB/OL]. http://americanartcollaborative.org/wp-content/uploads/2018/03/AAC_LOD_Overview_Recommendations.pdf [2020-03-05].

第三层因素与硬件环境的提升相关。在传统机器学习模式中，数据分析和预测一般通过中央处理器（CPU）来实现。但是，串行计算的CPU不利于对大数据和模型采用高效的并行技术。而2012年后，图形处理器（GPU）和相应的并行以及分布式计算平台的出现，使得这一问题得以解决。另外，AlexNet也通过双GPU架构实现了深度模型的训练。这使得随后的深度学习模型都自然地考虑了多GPU的方法来帮助提升算力。人工智能研究对GPU并行计算性能需求的大增，也促使GPU硬件在这一波热潮中有了快速的提升。

二、知识表示创新是最大亮点

专家们历来都认为人工智能的核心问题是知识表示。21世纪以来人工智能的发展再次证明了这一点。一手创建了万维网的伯纳斯-李注意到由自然语言编写的万维网不利于计算机阅读和理解，他于2001年在《科学美国人》上发表了著名的语义网理想[①]。他建立了一套网上知识表示体系，从基层的XML到语义层的RDF，再到本

① Berners-Lee T, Handler J, Lassila O. The semantic web[J]. Scientific American, 2001, 284(5): 1-4.

体层的 OWL，新型海量知识表示形式——知识图谱就是在此基础上诞生的，其中 RDF 成了事实上的网上知识表示标准。而这些表示的逻辑基础——描述逻辑则成了学术界公认的代表性知识逻辑。

深度学习就是用一个巨量层次的神经网络来分层表示不同的知识点和事物的不同属性、特征的。它的新主要新在“深”上。深度网络的另一个重要特点是不需要像一般的机器学习那样在学习前人为地提取学习对象的特征或表示形式，而是算法本身就自动实现了表示提取。这就涉及另一个概念：表示学习[①]。给定一组数据和学习目标，机器学习算法的成败往往取决于数据的表示形式，把学习算法所需的表示形式提炼出来就是表示学习的任务。结果，在台上出尽风头的是深度学习，在台下埋头苦干的却是表示学习。事实上，近年来兴起的、与深度学习最相关的会议的命名即是国际学习表示会议（ICLR）。

不限于深度学习，许多机器学习问题都可以归结为表示学习。例如，流形学习就是为高维空间中的低维流

① Bengio Y, Courville A, Vincent P. Representation learning: a review and new perspectives[J]. IEEE Transactions on Pattern Analysis and Machine Intelligence, 2013, 35(8): 1798-1828.

形寻找一个低维表示。这是为数不多的在计算机科学中用到微分几何和微分方程的研究方向。2017年，曾经在解决庞家莱猜想中立下汗马功劳的Ricci流又在流形学习和流学习中大显身手①。

表示学习的另一突破是自然语言的数字化表示，也可以理解为知识的数字化表示②。它把符号、概念、文字，以至整段、整篇文章映射（嵌入）到欧氏空间的一个子集，形成各种向量、矩阵、张量，并结合深度神经网络进行计算，取得了不俗的成绩，从而把深度学习的成功从图像、视频和语音领域扩展到文字领域，也就是知识领域。其特别意义在于使知识工程进入了数字化和可计算化的时代。

知识表示的提升和更新在计算机逻辑和推理方面也取得成效。例如，S. Muggleton于1991年创立的“归纳逻辑程序设计”③，致力于从数据中自动“归纳”出以前需要专家才能总结出的规则。近年来，该方向引入了二阶

① Li Y Y, Lu R Q. Applying Ricci flow to high dimensional manifold learning[J]. Sci China Inf Sci, 2019, 62(9):192101.

② Bordes A, Usunier N, Garcia-Durán A, et al. Translating embeddings for modeling multi-relational data[C]. //Advances in Neural Information Processing Systems. 2013: 2787-2795.

③ Muggleton S. Inductive logic programming[J]. New Generation Computing, 1991, 8(4): 295-318.

逻辑来提升谓词发明和学习递归规则的性能，并尝试与深度学习中的可微构件结合来提高效率①。在计算理论方面，概率近似正确学习（probably approximately correct learning）也已经逐步完善，为多数统计机器学习方法的发展提供了几近完备的理论保证。而机器学习依赖的优化技术，也已经从直接套用凸优化算法，发展到非凸优化以及用于大规模计算的并行优化上。后两者对深度学习的发展至关重要。在推断方面，概率图模型也从有向图模型、无向图模型发展至图神经网络（graph neural network）阶段②。

三、同化现象是值得关注的创新拖累

尽管人工智能仍存在诸多的不足和局限性，但不可否认的是，人工智能将是今后若干年国际竞争的新焦点，重视它的研究和应用对提升我国国力有重要作用。2017年7月8日国务院发布的《新一代人工智能发展规划》更是成为发展人工智能的国家纲领，其中明确指出了企

① 戴望州，周志华．归纳逻辑程序设计综述 [J]. 计算机研究与发展．2019, 56 (1): 138-154.

② Zhang S, Tong H, Xu J, et al. Graph Convolutional Networks: A Comprehensive Review[DB/OL]. https://doi.org/10.1186/s40649-019-0069-y[2020-03-05].

业界的作用。事实上，人工智能热潮早就在产业界兴起：在图像、语音、自然语言处理方面的性能提升，使得人工智能更接地气，全面走向实用化。

这里也能看到一些明显的现象。主要是同化现象[①]，它在产业界和学术界都有所表现。产业界的表现是企业间的差异性变小、趋同性变大。比如，以前从事电信行业的，现在也在做与安防相关的研究，包括人脸识别、课堂表情分析、智能家居等业务；以前做金融行业的，如高频交易等，也引入了大量的人工智能技术（如深度学习、强化学习等）来帮助获得更高的收益。这种行业间的同化现象，究其原因，与深度学习中的端到端（end-to-end）理念密切相关，即深度学习自身就包含了表示学习的内容，从而排除了许多具体问题的特殊性。

这种同化现象在学术界也能观察到。一方面是代码共享（如 GitHub）和论文在线（如 Arxiv）的传播方式较以往更为流行，使得科研人员在复现代码和寻找最新文献方面，有了更快速和便捷的途径。因此，在学科间、学校间的差异都没有以前那么明显。我们已经可以在主流期刊和会议上看到越来越多科研实力相对弱的学校发表的研究成

① 张军平．爱犯错的智能体 [M]. 北京：清华大学出版社，2019.

果，也能看到与计算机领域差异较大的其他学科和专业也有高质量的人工智能论文发表。结果，近几年来，伴随人工智能的升温，相关会议和期刊论文的投稿量增长异常迅速，如美国人工智能协会举办的人工智能顶级会议AAAI 2018年接受论文1100余篇，计算机视觉顶级会议——IEEE国际计算机视觉与模式识别会议（CVPR）2018年接受论文1500余篇，这多少与跨学科的投稿量增加不无关系。

同化现象无形中促进了人工智能的快速发展，但同时我们也应该警惕其潜在的风险。首先，论文增多并不意味着原创性有显著增强，对我国来说尤其如此。以深度学习为例，在卷积神经网络的框架下，尽管经历了不计其数的变种，如果抛去大数据、结构设计技术和GPU算力的因素，与传统神经网络相比，新一代的深度学习模型并没有明显的理论突破。比如，反向传播调整权重的思路仍与之前的相似。其次，算法的性能严重依赖于GPU计算和数据量的规模。最后，过度看重人工智能在预测相关的研究和应用中的作用。

由于这一轮热潮源于产业界，对人工智能落地的期望要远高于前两轮。如果处理不当，媒体的夸大和资本的逐利很有可能让人工智能变成快速破灭的泡沫。一旦破灭，后果可能会是面临更漫长的人工智能“寒冬”。

四、理论解释仍是最大难题

事实上，人工智能仍存在大量开放的难题有待解决，而离老百姓心目中以为的、科幻似的“人工智能”则距离更远。为了探讨这一差距，这里从表示层面、算法层面、智能本身及相关学科的研究四个方面讨论人工智能有待克服的壁垒。

表示层面有两个问题值得在此一提。一是尽管伯纳斯－李的语义网技术取得很大进展，但“人机两用”的语义网至今没有出现。在众多的原因中，自然语言和语义网语言（如 OWL 或 RDF）的互译问题解决不了是关键原因之一。专门为此目的而设计的各种受控自然语言（controlled natural language，CNL）[①] 无一被广大的网友所接受。因此，语义网的“网上网下”还没有打通。二是尽管海量知识的数字化表示取得了不少成果，但基于启发式技巧的知识数字编码尚缺少语义解释，而且随应用和使用者而异，缺乏像电报码那样的与自然语言的全

① Schwitter R. Controlled Natural Languages and the Semantic Web[DB/OL]. http://eprints.soton.ac.uk/id/eprint/265735[2020-03-05].

面对应。这些缺陷必然会影响知识处理数字化和知识计算的全面推广。

从算法层面看，当下主流的深度学习的有效性与数据的规模密切相关。在小样本情况下，模型很难得到有效训练，会出现明显的性能下降情况。尽管可以通过数据增广技术得到部分解决，但并非所有的小样本问题都可以通过增广技术处理。而对硬件的依赖性也导致在某些场合还暂时无法利用深度学习，比如航天方面的应用。另外，深度学习的性能模型也严重依赖于专家的调参经验，这在一定程度上也导致其很难具有通用性。文献中大量出现的各种各样的 x-Net 深度模式尽管各有其成功之处，但在很大程度上主要依靠使用者的经验。有关深度推理的一些理论问题还有待深入研究解决。

可解释性成为难题的一个原因是在数据采集条件丰富后，数据特征的高维度妨碍了可解释性，因为人能观察的维度不超过三维。由于它涉及几何光滑性的结构如流形以及几何拓扑的挖掘，可以考虑结合计算数学、微分流形与代数拓扑的知识来寻找答案。另外，人类在做解释时，有大量的启发式规则来帮助形成快速决策，而面对不确定问题时，又能无缝转入延迟决策中。因此，研究与规则简化相关的理论如三支决策（three-way decision）也是潜在的方向之一。

在智能的理解方面，我们仍然对智能的很多方面如情感、常识智能等知之甚少。尽管在情感分析方面有一些研究进展，但真正的情感仍不明其机理。这使得我们现今研发的、面向家庭的服务机器人，还很难让用户感受到真实的情感。而对于那些注重情感交互的家庭来说，如果机器人只是提供简单的服务却缺乏情感，那可能他们会更偏好选择能表现出真实情感交互的宠物。另外，在常识智能方面，人类可以快速处理日常生活中的各种活动并形成决策，如走路、下雨打伞，以及在驾驶车辆过程中遇到突发事件的应急反应等。专家将其称为快思维，是不需要经过缜密思维即可完成的决策[①]。而人工智能体则缺乏这种快速反应能力，往往需要用复杂的模型来实现分析、预测和决策。不仅如此，人类还有顿悟和灵感的能力，它是在对某一问题进行长期思考后，突然获得的对问题的正确求解。尽管在学习初期都要建构复杂的认知模型，但顿悟和灵感的求解方法往往可以跳出

① Kahneman D. Thinking, Fast and Slow[M]. New York: Farrar, Straus and Giroux, 2011.

这些固有的认知模型，从不同角度或捷径直接找到正确解。而这一机制的形成目前也缺乏有效的理论来刻画和复制。

除了从学习的角度来研究人工智能外，还有从脑科学、基因分析等角度切入的，希望通过研究脑区的活动以及基因的结构表达来理解智能的形成和发育[①]。随着探测设备的能力增强，脑科学研究不仅可以分析单个神经细胞的活动，也能探测大片脑区的反应，这为我们了解大脑活动区域与功能的对应提供了有力的工具基础。然而，需要指出的是，现有的脑区活动采集设备在时间和空间分辨率上仍存在一定的局限性，加之伦理方面的考虑，目前的脑科学还无法为大脑活动的局部和全局活动建立统一的、有效的模型[②]。而基因分析技术，虽然已经能对不同的生命体的基因进行检测和测全序，但是我们目前了解得相对比较清楚的主要是外显子，而曾被以为无用、现被认为在调控中起重要作用的内含子部分，关于其作用机制，我们仍然没有太多重要的进展。

这些都是我们能看到的，现今在研究人工智能时必

① 张军平．人工智能的发展历程与未来方向 [J]. 国家治理，2019，(4)：3-6.

② 杨雄里．杨雄里院士谈当前脑科学的发展态势和战略 [DB/OL]. http://www.sohu.com/a/221020764_465915[2020-03-05].

须跨过的门槛。

五、瞻望未来

尽管人工智能仍存在诸多的不足和局限性，但不可否认的是，人工智能将是今后若干年国际竞争的新焦点，重视它的研究和应用对提升我国国力有重要作用。

人工智能在历史上已经三起两落，我们要避免重蹈覆辙，不让民众失望，同时保持人工智能的持续生命力。一方面，科研一线的工作者和媒体都有义务给民众科普正确且准确的人工智能研究进展。另一方面，我们也应该全面看待影响人工智能发展的种种因素，避免片面。深度学习对人工智能有今天的大好局面居功至伟，但是也要避免“唯深度论”，例如在某些领域，智能分析和推理同样有着令人刮目相看的成就。还是以机器下围棋为例，强化学习和针对不确定性的态势分析起着重要作用。对于自动驾驶汽车，在毫秒之内做出现场分析和行动决策有关乘员生命安全。在两军对垒场合，博弈对抗是永恒的课题。从政策上看，有些国家，如英国，已开始把投资从深度学习转向基于推理的人工智能，著名的艾伦·图灵研究所（Alan Turing Institute）被认为是英国国家数据科学和人工智能的研究所。

人们常喜欢把人工智能和人类智能做比较。人有着任何动物不可企望的高级大脑，人是群居生物，一生都在学习，对不同的环境具有很强的自适应迁移能力。因此，群体智能、自适应智能、迁移智能、类脑智能、认知智能、混合智能等，甚至人工智能哲学都是我们应该关心的①。

我们都会同意“人工智能并不只为好人服务”这一观点。它是一杆枪，掌握在谁手里就为谁服务。既然可以帮助好人识别欺诈，自然也会帮助坏人炮制欺诈。国家现在整顿手机应用程序，所针对的就是有些人就利用人工智能干坏事。人工智能有一个分支叫多智能体系统，其中欺诈就是智能体的强项之一。因此，智能体的欺诈、反欺诈、反反欺诈，就成了博弈论的研究对象，甚至可以用于国际政治和军事的兵棋推演。

还有一点必须提到的，就是把握好前瞻研究和短期效应之间的关系。受经费驱动和单位（或个人）考绩需求的影响，无论是发放经费单位还是使用经费单位，往

① Darwiche A. Human-level intelligence or animal-like abilities? [J] Communications of the ACM, 2018, 61(10): 56-67.

往会自觉不自觉地追求短期效应，这也许可以带来一时的辉煌，但却会丧失国家在一些人工智能相关方向的长远发展机会。

致谢：本节作者感谢布里斯托尔大学刘伟茹教授、悉尼科技大学李三江教授、中国科学院张松懋研究员和谷真真博士、北京跃盟科技有限公司工程师黄宇的帮助。

本节受国家重点研发计划（2016YFB1000902）第二课题和国家自然科学基金项目61673118、61232015、61472412、61621003，以及教育部指导高校科技创新规划项目资助。

第四章 展望与建议

习近平总书记在中国科学院、中国工程院两院院士大会上指出：“进入 21 世纪以来，全球科技创新进入空前密集活跃的时期，新一轮科技革命和产业变革正在重构全球创新版图、重塑全球经济结构。科学技术从来没有像今天这样深刻影响着国家前途命运，从来没有像今天这样深刻影响着人民生活福祉。”①

随着科技与社会的快速发展，越来越多的科技领域

① 习近平出席中国科学院第十九次院士大会、中国工程院第十四次院士大会开幕会并发表重要讲话 [DB/OL]. http://www.gov.cn/xinwen/2018-05/28/content-5294268.htm [2018-05-28].

话题引发了公众的广泛关注，特别是近两年出现的重大科技领域热点事件存在明显的共性：一是科技议题广泛，传播与影响范围巨大；二是公众高度关注，政府、科技界的回应明显不足；三是政府及专家权威消解，公众可获取的信息有限；四是科技议题涉及的伪科学、非科学信息泛滥。本书选取的转基因和人工智能两个科技热点领域都具备上述几个特征。

世界科技强国不可能在一个公众科学素养与科学精神普遍较差的国家中产生，要建设世界科技强国，提升社会全体公民的科学素养与科学精神是必要前提与基础条件。在知识经济时代，科学普及已成为影响科技创新、经济与社会发展，乃至综合国力的重要因素。因此，在述评科学问题的同时，院士专家对转基因和人工智能领域未来的发展也进行了展望，并强调了对这两个领域开展科学普及工作的重要性，同时提出了不少宝贵的建议。

作为新的技术领域，当前转基因和人工智能的发展和产业化进程事关国家战略发展、社会经济发展、公众个人利益，这不仅是科技界面临的问题，也是全社会需要共同关注的问题，还需要政府、社会团体、媒体等多方参与，共同推动新技术领域的科学普及工作。

一是在制度规范上加强顶层设计，营造科学传播与普及的良好环境。中国是世界上唯一为科普立法的国家，但是，在新时期，《中华人民共和国科学技术普及法》也面临诸多问题：内容跟不上科学技术的快速发展，科普主体的权利、责任与义务界定不明确，一些制度安排和规定缺乏可操作性等。以转基因领域科普为例，如前所述，我国公民对有关转基因的总体知识水平掌握有限，对转基因的认识和了解并不充分，再加上一些不负责任的所谓“科普”文章混淆视听，对广大公众产生了极大的误导，这也是当前我国转基因领域公众支持率不断下降的一个重要原因。因此，我们建议政府部门应做好制度上的顶层设计：一方面依托现有《中华人民共和国科学技术普及法》的相关规定加强对科学传播的监督和保障力度，制定硬性规范性标准，并加以严格的执行和约束；另一方面也需要立足当前创新驱动发展和科技强国建设对科普事业未来发展的战略性需求，启动对《中华人民共和国科学技术普及法》的修订工作，为未来的科学传播与普及工作营造良好环境。

二是要改革现行评价体系，鼓励科研人员积极投身科普事业。科研人员需要承担其科学家职业角色所赋予的时代责任，以公正理性的态度积极参与政府的科技决策，大力向公众宣传科学知识，使公众真正了解新兴科技及其与生活的关系。在转基因和人工智能领域，我们看到公众对涉及自身利益的科学知识有巨大的需求，但是却难以获取准确和科学的信息。特别是一些自媒体撰写的所谓“科普”文章，由于缺乏扎实的科学基础，内容上往往与科学事实大相径庭，但是由于其打着科普的幌子，传播起来使公众难辨真伪，危害更大。科学家掌握科技前沿知识，充分了解新兴技术的益处和可能的危害，有责任积极投身科普事业，通过各个渠道和方式向公众传播相关科学知识，使公众理解和支持新兴科技的发展，避免引起不必要的误解甚至恐慌，造成对新兴技术发展不利的影响。但是当前的科技评价体系并不利于科研人员开展科普工作，科研人员开展科普工作更多的是基于自身兴趣。为鼓励更多科研人员投身科普事业，建议对现有科技评价体系进行改进和完善，如果科研人员结合自身科研工作开展了相关科普活动（包括科普讲座、科普文章、科普读物等），可在项目结题、职称晋升、单位评优等评价工作中予以认可和优先考虑，这样才能鼓励更多的科学家投入科普工作中。

三是媒体要不断提升科学素养，加强与科学家的沟通与交流。媒体在科学传播与普及的过程中扮演着重要角色，从转基因与人工智能的传播中可以看到，不管是主流媒体还是大众媒体，都陆续进行了大量的报道与宣传，公众也主要是从这些渠道获得相关的知识和信息。但是，中国从事科学媒体传播工作的新闻记者多数是文科出身，缺乏足够的科学素养，宣传的科学性、严谨性把关不严，倡导实事求是、理性质疑的精神严重不足。同时，一些媒体过于注重传播效果而忽视传播内容的科学性和精准性，往往就会断章取义从而产生让公众误解的信息。因此，我们建议，科学媒体要想发挥好主导作用，切实履行好传播职责，需要全面提升自身综合能力。一方面要找准角色定位，强化责任意识。在科学传播过程中，科学媒体肩负着主要责任，应该发挥正面的、积极的导向作用，勇担传播责任和使命。另一方面要提升自身科学素养。媒体要加强与科学家的合作交流，构建互信的沟通机制，把握好传播内容的客观性和真实性，共同向公众提供科学规范的科技信息。